JN067972

冬の植物観察日記

鈴木 純

冬のはじめに

多くの人にとって、植物観察といえば春から秋にかけてするもので、冬にするイメージを持つ人はどうやら少ないようだ。たしかに冬は、咲く草花が少なくなり、木々の葉っぱも枯れ落ちてしまうので、見られる植物が少なそうだと思うのも無理はない。でも、僕は冬も植物観察をしている。しかも、とても前向きに。僕は好きなのだ。冬が。

冬は、春から秋にかけての植物観察と比べると、植物の内側を想像して楽しむ時間が増える。このドウダンツツジの冬芽の中身は今どうなっているのだろう。葉っぱが入っているのか。それとも花と葉っぱが一緒に入っているのだろうか、というようにだ。冬の間、外から見てもわからなかった疑問の答えは、春になって冬芽がほころび、その中身が出てきた時にようやくわかる。ゆっくりと時間をかけた観察ができること。それが、冬の植物観察の楽しみのひとつだ。

僕がしている冬の植物観察そのものを本にする場合、どんな形を取ればいいかと考えた時、「日記」という方法が思い浮かんだ。秋からはじまる一日一日のことを、現在進行形で、冬の終わりまで書き進めていく。目の前にある植物がこれからどんな風になっていくのか、今それを見ている自分にはわからない。わからないまま、その瞬間瞬間を記録していく。あとで振り返ってみて、その積み重ねが生きてくる時もあるし、結局なにもわからないままの時もある。冬の終わりまで辿り着いた時に、なにを知り、なにを思うのか、今の僕はまだ知らない。なんとも心許ないようだけど、僕にとっての冬の植物観察とは、まさにそういう営みだ。答えを求める観察ではなく、プロセスを楽しむ観察を、この本を通じて味わっていただければ嬉しい。

2022年10月から2023年3月までのこと

10月1日(土)

朝9時頃、洗濯物を干しに庭に出ると、ふわっと甘い香りが漂ってきた。この時期のこの香り、キンモクセイで間違いないはずだ。どこに咲いているのだろう。あとで探しに行こう。

家族そろって朝ご飯を食べていると、娘のお友達家族から稲刈りのお誘いがあった。気持ちの良い秋晴れだったので、喜んで出かけることにした。娘はちょっとだけ稲を触ったら満足した様子。居合わせた子どもたちと裸足で遊びはじめる。泥団子に葉っぱをのせておまんじゅう作り。楽しそう。パートナーの千尋さんはお母さん仲間と話しながら作業をし、僕はみんなが稲刈りをしたあとの田んぼを歩き回る。

田んぼにコナギの花が咲いていた。これは、かつて稲作の伝来とともに日本にやってきたとされる植物だ。戦後、除草剤が普及するようになってからはあまり見られなくなったようだけど、有機栽培の田んぼでは今でもよく咲いている。これを、江戸時代までは食用としていたらしい。時代が変われば、植物の扱いも変わるのだ。コナギは、今ではほとんど見向きもされない存在になってしまったが、青紫色の花がとてもきれいなので、せめてその美しさをちゃんと見てあげたいなと思って、写真を撮った。

ふと目を上げると、田んぼの中で大人はよく働き、子どもは自由に遊んでいた。なんだか急にタイムスリップして、昔の景色の中に自分もいるような気持ちになった。

帰宅するともう夕方。また甘い香りがした。キンモクセイを探しそびれたことに気が付いた。

10月2日(日)

午前中に父から電話がある。なんでも、果樹園の柿がたくさん熟しているので採りにきてほしいという。特に予定もなかったので、さっそく家族で向かう。父は、山梨に果樹園を持っていて、定年後の楽しみとして梅や柿、キウイなどを育てている。普段は東京に住んでいて、週末を利用して母と一緒に山梨にやってくるので、その機会になるべく会うようにしている。

果樹園に着いたらすぐに柿を収穫。敷地内のあちこちにたくさん栗が落ちていたので、それもついでに拾う。ほんの1時間で柿は少なく見積もって200個以上、栗は数えるのが嫌になるほどの量を収穫することができた。千尋さんが、すでに熟れて柔らかくなっている柿を選別し、大きなガラス瓶に入れていく。それらをへらでつぶし、蓋をする。たったそれだけの作業で、柿酢ができるらしい。娘は、完熟した柿をそのまま食べ、僕と父は果樹園にこれからなにを植えていくか、将来の計画を相談する。

夕方、帰ろうとすると、どさっという音が聞こえた。音がした方を見ると、トゲトゲのいが付きの栗が転がっていた。たった今、木の上から落ちてきたのだろう。今は、空から美味しいものが降ってくる季節だ。秋ってすごいな。と思う。

家に着くと、またキンモクセイの香りがした。今日も見そびれてしまった。でも、なんだかもう、今年は探さなくてもいいかなという気持ちになってきた。実物は見ていないけれど、その香りですでに存在は確かめている。「見ない観察」。それもまたいいのかもしれない。

10月3日（月）

今日は朝から家族で山登りへ。３歳半になる娘の足取りが力強くなってきたので、ためしに山に登ってみようと思ったのだ。目指すは長野県南佐久郡にある飯盛山。登山口から山頂までの標高差は２００ｍ弱。大人の足なら1時間で山頂に着ける。途中で帰ってもいいという心構えで登山開始。娘はやる気まんまん。アスファルトの道を歩くよりも速いスピードで山道を歩いていく。というか走っていた。

この調子ならすぐに山頂に着けそうだと安心していると、娘がピタッと立ち止まる。その目線の先には、ちょうど熟したツルウメモドキの実があった。黄色い果皮とオレンジ色のタネが美しい、このあたりの野山ではよく見るつる植物だ。足元に、まだ熟していない緑色の実が落ちていたので、それを拾って「むいてみな」と、娘に渡してみる。娘は、１歳児の時から、なにかをむくのが好きなので、これも、受け取るなりすぐに皮をむいた。すると、緑色の実の中からオレンジ色のタネが出てきた。瑞々しくてとてもきれいだ。どうやら娘はこれを気に入ったようで、このあとひたすら何個もむいていた。

このオレンジ色には、鳥がその存在に気付きやすくなるという効果があるのだろうと思う。でも、人が見てもきれいなものだから、鳥だけでなく、人も足を止めてしまう。こんな時、人もじつは動物だからなぁと思ったりする。山頂には3時間かかってなんとか辿り着いた。

10月4日(火)

朝10時。娘をようちえんに送り届け、その足で清里にほど近い吐竜の滝へ向かう。なにか目当てがあるわけではなかったけれど、秋らしいものとの出会いを期待していた。登山道を歩き始めてすぐ、熊鈴を忘れたことに気付く。仕方ないので、手を打ち鳴らしながら歩く。ちょっとだけ恐い。熊さん、出てこないでね。パンパンパンと歩いていると、ヤマブドウのつるがたくさん目についた。ミズナラの木に絡み付き、その枝からつるが垂れ下がっている。もしかして実が見つかるかも。と期待が高まるが、1時間ほど探してもひとつの実も見つからない。

落ちる寸前のヤマブドウの葉っぱがきれいだったので撮影。よく光を受けてはいるが、この葉っぱはもう光合成をしてエネルギーをつくり出す役目をすでに終えている。あとは落ちる時を待つだけのオレンジ色だ。葉っぱは、落葉直前に最後の輝きを見せる。単にオレンジ色なだけでなく、黄色から茶色まで様々な色が混じったその色合いの複雑さと、それでいて調和の取れた全体像にしばし見とれる。

また手を鳴らしながら歩き出す。パンパン。あっ、そうか。きっと熊だ。ヤマブドウの実は、きっと熊が食べたのだ。自然の中で、人は野生の生きものの感覚には勝てない。食べ頃の実を、熊より先に僕が見つけることは困難だ。それじゃあ今日はヤマブドウは食べられなくてもしょうがないか。そう思い、また手を打ちながら下山した。

登山口に戻るとノブドウがあった。ヤマブドウの実は黒っぽい紫色をしているが、これは白、青、紫、赤とカラフルな色をしている。野山の中で色とりどりの実を見ると、なぜか不思議と嬉しい気持ちになる。ノブドウの実は食べられないけど、きれいだからこれはこれで良し。今日はきっとこのノブドウを見にきたんだな。僕は。

10月5日(水)

今日は千尋さんが娘をようちえんに送る日なので、朝9時には原稿書きを開始する。もともと、植物観察会のガイドをすることが僕の本業だったが、今は本の執筆や、雑誌への寄稿などの仕事も増えてきた。中でも、保育関係の雑誌への連載が多く、そのほとんどは季節の植物観察がテーマだ。なので、原稿を書く時は、その雑誌の発行日に合わせて、およそ3か月ほど先の話を書くことが多い。つまり、10月の今なら、1月のことをイメージして、写真を選び、書くことになる。こうした原稿に取り組んでいると、自分の頭の中がすっかり3か月先になってしまう。なので、ある程度書いたらなるべく外に出ることにしている。今の植物の様子を見て、自分の中の季節感をチューニングするためだ。

自転車で近所を走っていると、よく知った植物を見つけた。キンモクセイだ。探していると出会わず、もういいやと思っていると自ずと見つかる。自然ってそういうものだなと思う。近づくと、すでに花が散っていた。樹上で咲いていた時のオレンジ色はあせ、茶色みがかっている。キンモクセイの花は、ひとつ1㎝弱と小さいのに、足の踏み場もないほど大量に落ちていて、1本の木にこんなにも花が付いていたのかと驚く。家からおよそ100m。こんな遠くから庭まで香りが漂ってきたとすれば、随分と濃い香りだ。キンモクセイは、花が香るというよりも、風が香るっていう感じがするな。と思った。

10月6日(木)

朝7時に起きると、随分と肌寒くて驚く。天気予報を確認すると、今日の最高気温は15℃だという。12月上旬並みの寒さらしい。情報としてはわかるけど、身体の理解が追い付かないので、つい軽装で出かけてしまう。冷たい風にあたり、すぐに凍えてしまった。

身を縮めて自転車をこいでいると、街路樹のハナミズキに実が生っているのを見つけた。枝先に付いた赤くて細長い実に、光があたって輝いている。いくつか並んで輪をつくっている姿が愛らしい。4月にピンク色の花をたくさん咲かせていた様子を思い出す。春が懐かしい。よく見ると、実の隣にはもう冬芽ができていた。来年の春に咲く花の芽だ。

丸みのあるダイヤ型をしていて、もし、色が灰色でなければ、実と勘違いしてしまいそうな見た目をしている。花芽をひとつ持ち帰り、カッターで切って断面を撮影してみる。ハナミズキは、じつは小さな花がいくつも集まって、ひとつの花に見せかけている植物だ。なので、花芽の断面を見ると、縦長の花のつぼみが何個もびっしり並んでいる様子を確認することができる。さらに、そのつぼみの中には雄しべだって見える。つまり、もうこの段階で、ハナミズキはすでに来年の準備を済ませているのだ。

植物はいつも変化の途中にいる。僕は植物の秋を観察しているつもりだけれど、じつは春を観察しているんだよなぁ。

10月7日(金)

今日も寒い。天気予報によると、昨日よりさらに寒いようだ。しかも朝から雨が降っている。それなのに、娘はなぜかご機嫌。朝起きてすぐに冬用のジャンパーを着てウキウキしている。娘は今、「森のピッコロようちえん」というところに通っている。園舎はなく、背後に森を背負った場所に園庭だけがあるという、ちょっと風変わりな場所だ。ここで子どもたちは毎日、森に行ったり川に行ったりして遊んでいる。こんな寒い日の雨天時も野外で過ごすので、保護者の僕も覚悟を決めて登園することになる。レインウエアと長靴を装着して出発だ。

ようちえんに着くと、S君がいきなり「ハリガネムシ～」といって、手の平を見せてくれた。この雨、寒さなんて子どもたちはへっちゃら。小さな手の上でもぞもぞ動く細長い生きものをみんなでしばし観察。その様子を見て、今日も娘は大丈夫そうだなと安心し、僕は帰宅する。

子どもたちのカラフルなレインコートを見ていたら、植物たちの雨対策を見たくなったので、家の庭の植物を撮影することに。当然のことだが、植物は雨だからといって、レインコートを着たりはしない。けれど、シロツメクサの葉っぱはどういうわけかまるでぬれていない。丸い葉っぱの上には、コロコロッと球体になった雨粒がいくつものっていて、ちょっとした振動ですぐに落ちていく。すごい撥水力だ。細い小葉がいくつも集まって鳥の羽根のような姿をしているオジギソウの葉っぱは、水滴を抱きかかえるようにして水を弾いていて、すこし銀色が混じったような淡い緑色をしたユーカリの葉っぱも、同じようによく水を弾いている。こうなってくると、どんな植物の葉っぱも水を弾くように思えてくるが、大きな卵型をした柿の葉っぱの撥水力はどうやらいまいちなようだ。雨粒は葉っぱに染み込んではいないが、水を弾いているというほどでもない。どっちつかずな印象を受ける。そして、その隣にあった細長いヒメジョオンの葉っぱはしっとりとぬれていて、まるで水を弾いていない。それぞれの葉っぱの撥水力は違うけど、きっとそれぞれに、それぞれなりの雨対策の工夫があるのだろうなと思う。

夜は千尋さんがおでんをつくってくれた。美味しかった。なんだか本当に冬になってしまったような感じがした。

10月8日(土)

今日も朝から家族で稲刈りへ。今年の春に東京から山梨に引っ越してから、早くも半年が経った。こちらの暮らしにもなじんできたので、毎週のようにご近所さんや、娘のお友達家族などからお誘いがある。ありがたい。

田んぼに着き、今日も水田雑草の写真を撮ろうとカメラを取り出す。でも、電源が入らない。まさか……と見てみると電池が入っていなかった。仕方ないので撮影は諦めて、今日は僕も稲刈りに参加することにした。ここ数日とは打って変わって、今日の気候は秋そのもの。田んぼにいるだけで気持ちがいい。

稲刈りが午前中で終わったので、そこに居合わせた娘のお友達のCちゃん親子と果樹園で遊ぶことになった。僕の父が不在の時も、果樹園には好きに滞在していいことになっているので、よく子どもたちと遊ばせてもらっている。敷地内に生えているイヌタデ、アカツメクサ、ハキダメギク、ヒメジョオンなどを子どもたちが摘んでくるので、僕はそれをメヒシバの茎で縛っていく。それだけで、小さな草花の花束ができ上がる。子どもたちがつくる花束はどれも素敵だ。適当に集めてくるように見えるのに、なぜか調和がある。子どもの無作為さは、きっと自然に近いのだろうなと思う。

柿の落ち葉がたくさんあったので、僕はそれを使って人形をつくる。作り方は簡単だ。まず、なんでもいいので、人形の頭に見立てた花を用意する。その花茎を抱き込むように柿の葉っぱを折り曲げる。浴衣を着せる要領で、葉っぱを3枚ほど重ねれば、柿の葉っぱの人形ができ上がる。昔ながらの伝承遊びだ。この時期の柿の落ち葉は、赤や黄、緑などの斑模様になっていて色合いが美しいので、大人が見ても魅力的な人形がつくれる。柿の葉人形を子どもたちに渡すと、ふたりとも喜んでくれた。秋は、本当に楽しい。

10月9日(日)

近所のお祭りに行くため、午前中から家族で出かける。縁側で出発の準備をしていると、あるものが目に入った。シロザだ。特に珍しい植物ではないのだけど、今日見つけたシロザはとても小さかった。しかも僕の指ほどの草丈しかないのに花が咲いている。直径が2㎜にも満たないほどの小さな花のうえ、花被片が緑色をしているので、まるで目立たない。でも、ちゃんと見れば雄しべが横向きに5本出ていて、花の中心には雌しべも付いていることがわかる。シロザは本来なら1m以上の高さに成長して花を咲かせる植物だ。でも、ここはシロザにとって環境が良くなかったのか、大きくなれなかったらしい。それでもちゃんと花を咲かせている。大きくなれないなら、大きくなれないなりに咲く。すごく、植物らしいなと思う。

お祭りを堪能したあと、午後は家でゆっくり過ごす。また雨が降ってきて冷え込む。夜、娘が寝てから夫婦で干し柿作り。皮をむいた柿を熱湯にさらし、タコ糸で縁側の軒の下に吊り下げていく。今年は93個仕込んだ。あとは自然に任せておけば、12月くらいには食べられるようになるだろう。秋の手仕事はいい。こういう時間を過ごしていると、どうして僕は、稲を育てたり、干し柿をつくったりするだけでは生きていけないのだろうか。とつい思ってしまう。学生の時に憧れた自給自足のような暮らしは、自分にはやはり不可能なのだろうか。

10月10日(月)

どうも冬が近いようなので、娘の冬用の服を買いに行く。娘の成長は早く、去年着ていた服がもう小さくなっている。

道中で、キンモクセイの花がたくさん散っている場所があった。「キンモクセイの花、散ってるね。冬がくるなぁ」とつぶやくと、千尋さんから「それ、毎年いってるね」といわれる。東京で暮らしていた時は、5月下旬にビヨウヤナギが咲くと暑くなるなぁと思ったり、6月にタチアオイが咲くとそろそろ梅雨かな。と思ったりしていた。ソメイヨシノの落葉がはじまると秋がくるし、キンモクセイが散れば冬はすぐそこ。季節は毎年ずれるので、カレンダーを見るよりも、植物の動きを見ていた方が正確だ。今は野山が近い暮らしになったので、この土地での季節変化を僕はなにを見て感じるようになるのだろうか。これからの日々が楽しみだ。

ところで、今年はなぜかキンモクセイのことが気になっている。花が散ったあとのキンモクセイの枝を見てみると、まだ花のつぼみが残っていた。枯れた花は茶色をしていて柄(え)が長いが、つぼみの方は薄緑色をしていて、まだ柄が伸びていない。なので、つぼみは茎に直接ちょこちょこちょこと付く姿になる。キンモクセイは2度咲き、3度咲きをすることがある。どうも1度目の開花の際には開かなかったつぼみがこうして少数スタンバイしているようだ。隣の枝を見ると、先がすこし尖った形のつぼみが付いていた。こちらはおそらく葉っぱのつぼみだろう。これらがこのあとどう変化していくのか観察したいので、該当の枝を忘れないように、赤いミシン糸をくくり付けておいた。

10月11日(火)

娘をようちえんに送り、その足で山へ向かう。今日は八ヶ岳南麓の天女山に行ってみることにする。冬がくる前に、早く秋を見ておかないと、とすこし気が急いている。じつはこのところ、大小様々な心配事があって、気持ちがすっきりしない。よく晴れて気持ちがいいのに気分が上がってこない。

1時間ほど歩くと、カケスの羽根が落ちていた。黒い羽根の中で、付け根の一部分だけメッシュがかかったように青と白が混ざっている。ちょうど羽根に光が差していて、その青と白が林の下で輝いて見えた。その美しさに僕は息をのみ、何枚も写真を撮った。すこし気持ちがすっきりしたような気がしたので、さらに歩いていく。

コケの絨毯の上に、ウラジロノキの葉っぱが落ちているのを見つけた。葉裏がロウを塗ったような白色をしていて、それが深い緑色のコケの上でよく映えている。葉っぱの葉脈だけは茶色をしているので、そのデザインも魅力的だ。

途中で動物の鳴き声が聞こえる。そう遠くなく感じるので、こちらから見えないだけで、近くになにかがいるのだろう。立ち止まって耳を澄ますと、鳥の鳴き声も聞こえてくる。甲高い声だ。急に風が強くなり、木々の揺れる音が大きくなる。さーっという静かな音が、ざざざーっと音を変え、まるで海の波の音のように聞こえてくる。朝からずっと静かだった山が急に動き出したようで、すこし恐くなる。それを聞き、今日はここまでだなと思い、下山する。その途中で、ツタウルシの赤い落ち葉を見つけた。黄色や緑色、オレンジ色が混ざり合った複雑な色合いをしている。つい拾いたくなるが、触ると手がかぶれるのでやめておく。なんだか今日は落ちているものによく気が付く。今日の僕はやっぱり下を向きがちだったのかもしれない。

帰り道、道路沿いに青い実がたくさん付いた木があった。なんなのか確かめに行きたかったけど、娘のお迎えの時間がせまっていたので諦めた。

10月12日(水)

ピッコロは、保育士と保護者が共同運営をするようちえんなので、日々の保育は保育士が行い、園庭や森の環境整備、入園式や卒園式の段取りや準備などは保護者が担う

仕組みになっている。今日は、来年の春に入園を検討している方向けの説明会の日だったので僕もそれに一日かかりっきり。仕事する時間がほとんど取れない一日だった。重ねて、なぜかやたらと眠たく、15時頃に帰宅して、娘と一緒に昼寝をしてしまった。気圧のせいか、あるいは季節の変わり目だからだろうか。

そんなわけで、ほとんど植物も見ていないのだけど、お昼ご飯を買うために立ち寄ったパン屋さんの近くで、アカマツ、三葉松、五葉松が並んで植わっているのを発見した。こうして3種がそろって同じ場所にあるのは珍しいので、それらの葉っぱだけ集めておいた。長い針状の葉っぱが2本セットになっているのがアカマツで、3本セットが三葉松、5本セットが五葉松だ。

夕方、家で葉っぱを横に切り、断面を観察してみる。すると、面白いことがわかった。持ち帰った松の葉っぱは、そのどれも断面が円形になっていて、まるで丸いケーキを切り分けたみたいに見える。アカマツは半分こ。三葉松は三等分、五葉松は五等分だ。これがわかったからなんだということでもないのだけど、こういうちょっとしたことでも、植物の秘密をすこし知れた気になるので、嬉しい気持ちになる。

10月13日(木)

娘をようちえんに送り、今日もまた天女山へ。前にきた時に、登山口手前の道路沿いに青い実を付けた木があることに気付いていて、その正体を確かめたかったのだ。目的の場所に着き、車を降りて青い実のもとへ向かう。やっぱり。サワフタギだった。7㎜程度の卵型の実なので、おそらくこれは、鳥が食べることで種子が運ばれる散布方法の樹木だろう。でも、ちょっと疑問がある。日本の野山には、赤色の実を付ける樹木が多く、次いで黒色の実が多い。サワフタギのように、青い実を付ける樹木は稀だ。このことは、赤や黒の実の方が、鳥に食べてもらえる可能性が高いということを示しているのではないだろうか。となると、このサワフタギの実は一体誰が食べるのだろう。その場でスマートフォンで検索しようと思って、やっぱりやめた。謎はすこし、頭の中で転がしておこう。

10月14日(金)

植物観察会のため上京。去年から、子どもに関わる仕事をしている方向けの年間講座を開催していて、今日はそれの6回目の観察会だ。同じメンバーで月に一度集まり、東京の国分寺市を中心に植物観察をする。そうすると、回を重ねる毎に知識を積み上げていけて、かつ、同じエリアの植物の季節変化も観察することができる。季節柄、今日は実とタネの観察をメインテーマにすることにした。

コナラのどんぐりが落ちていたので、それを拾って観察していると、そのすぐそばにカエンタケが生えていた。素手で触れると炎症が起き、3g食べるだけで死に至ることもあるという毒性の高いキノコだ。幅2~3㎝ほどある棒状の姿をしていて、知らなければキノコだとは思わないかもしれない。全身がオレンジ色をしているのでよく目立ち、一度知れば忘れられない見た目をしている。まるで、指が地面から生えてきたみたいだ。今年はこのカエンタケが各地で目撃されているとは聞いていたが、まさかこんな身近な場所で見つかるとは驚きだ。

関東圏では、2020年くらいから、コナラなどのブナ科の樹木が枯れる「ナラ枯れ」が多く発生している。カシノナガキクイムシが、コナラの老木や弱ったコナラの幹を食べ、穴を開ける。その際に、この虫が運ぶ病原菌が原因で木が枯れてしまうのだそうだ。カエンタケは、ナラ枯れした木の根元に自然に生えてきて、枯れた木を分解する。木はやがて土に変わり、そこにまた新たな命が生きる土壌ができる。

人にとっては恐いカエンタケも、自然の中では大切な役割を持っている。こうしたものを人の都合だけで排除してもいいのだろうか。そう思いつつも、この場所の近くには保育園があり、子どもが遊ぶ場所だったので、観察会のあとに役所に報告を出しておいた。カエンタケは駆除されるだろうか。自分が今日した行いは正しかったのかどうか、悩みながら帰宅した。

10月15日(土)

今日は年間講座の土曜コースの日。今年はこの企画を3本設定していて、金、土、日と3連続で行うようにしている。いい感じにつる植物がたくさんあったので、今日のメインテーマはこれにした。

一口に「つる植物」といっても、その巻き付き方は様々だ。まず、自らのつるを使って巻き付いていく「巻き付き型」。街中ではヘクソカズラやクズなどをよく見る。アサガオもこのタイプなので、つる植物といえばこれだと思っている人が多い。続いて、巻き付き型と混同しがちなのが「巻きひげ型」。これは、つる自体は巻き付かず、つるから出る「巻きひげ」がフェンスなどに巻き付く。僕は勝手に「投げ縄式」と呼んでいる。このタイプを観察しやすいのはヤブカラシ。その他、カナムグラのように、つるに細かいトゲがたくさん生えていて、それで他の植物やフェンスなどにひっかかって伸びていく「もたれかかり型」があったり、ナツヅタのように、つるから出た巻きひげの先端が吸盤状になり、それで壁に貼り付いて伸びる「よじのぼり型」などがあったりする。その他にも、葉っぱの先が巻きひげ状になる植物があったり、葉っぱの柄の部分が巻き付くようになっている植物があったりと、つる植物の方法はバリエーションに富んでいる。これらの違いを観察しているだけでも、1時間くらいはすぐに経過する。

今日も僕自身がノリノリになってガイドをしていると、参加者さんからこんな質問があった。「たとえば、小さい実を付けるつる植物は『巻き付き型』で、大きな実を付けるものは『巻きひげ型』というように、つる植物が使う方法にはなんらかの使い分けがあるのか?」とのこと。考えたこともない質問だった。たしかに「巻きひげ型」はキュウリやゴーヤーのような大きな実を付ける野菜が多いし、「よじのぼり型」には草本性(そうほんせい)ではなく、木本性(もくほんせい)のつる植物が多い。これらを整理したらなにかわかることがあるかもしれない。観察会は、いつも思わぬ質問が飛んでくるので、僕自身にも発見がある。いくら勉強しても知らないことだらけの植物の世界。本当に奥が深く、面白いなと思う。

10月16日(日)

今日も年間講座の観察会。日曜コースは、去年にこの講座を修了した方向けなので、金曜、土曜とは違う場所で観察をすることにしている。今日は、水辺が近くにあるフィールドを選んだ。

つつがなく進行し、解散間近となった頃、面白いものを見つけた。「イボタノキに付くイボタロウムシが分泌するイボタ蝋」だ。文字で書いてもわかりにくいのだから、口頭で聞いていた参加者さんにはきっとこんな感じで聞こえただろう。「いぼたのきにつくいぼたろうむしがぶんぴつするいぼたろう」。皆さんの頭にハテナが飛んでいるのが見えた。落ち着いて、説明をし直す。

・「イボタノキ」という木がある
・「イボタロウムシ」という虫がいる
・「イボタロウムシ」は「イボタノキ」に卵を産む
・そこから孵化した幼虫は「イボタ蝋」と呼ばれるロウ物質を出す
・「イボタ蝋」の中で、幼虫はさなぎになり、成虫となって出てくる

こう順番に説明すると、そんなに難しい話でもない。昔はこのイボタ蝋を和ロウソ

クの原料にしたり、戸の滑りをよくするために使ったりしたらしい。と、ここまで話をして、僕自身が実際にイボタ蝋を使ったことがないことに気付いた。これは良くない。ガイドたるもの、何事も実際に経験し、知識を自分の身に付けてから話さなければ。観察会終了後、イボタ蝋を袋に入れて持ち帰った。ちょうど滑りが悪い引き出しが家にある。帰ったら実験だ。

10月17日(月)

三日間、家を空けたので、今日は一日娘と遊ぶことにした。朝ご飯を食べ終えてから「水族館行く?」と訊くと、娘は「行く!」と即答。一瞬で行き先が決まった。

僕は、娘はきっと前世では海の生きものだったのだろうと思っている。0歳の頃からワカメやメカブが大好物。1歳の時には水族館で魚を走って追いかけて、2歳の時に行った海では、躊躇なく水に突入していった(本来、娘はかなりの慎重派なので、びっくりした)。そんなわけで、ことあるごとに、色々な水族館に足を運んでいる。僕自身も

魚のことを勉強したいので、娘の楽しみと、僕の楽しみが一致している。
水族館の駐車場で車を降りると、娘が「くさーい。お茶のにおーい」といった。それはきっと……と思い、僕も外に出ると、やっぱり。カツラの落ち葉がたくさんあった。ハート型をしていて、葉っぱの縁が丸く波状になっているので、とても愛らしい。黄色や茶色、灰色がかったものなど、様々な色の落ち葉がある。カツラの葉っぱは、落葉する時になぜかカラメルのようなにおいを発する。僕には甘い香りに感じられるが、娘はこれをお茶のにおいだ

と感じたようだ。そういわれると、たしかにお茶のにおいにも感じられる。先入観のない娘の感覚を知ると勉強になる。

10月18日(火)

今日も娘とふたりでお出かけ。娘は、前に飯盛山を登頂したことで、「山に登る」ことの意味がわかったようなので、今日は八ヶ岳南麓の美し森へ行ってみることにした。千尋さんがお弁当を持たせてくれる。ありがたい。

登山道の入り口に着くと、娘は「今日も山頂行くー!」とやる気十分。軽い足取りで歩き始める。天気は曇りで、今にも雨が降りそうだけど、行けるところまで行こうと思う。最近、娘と山登りをする時には、箱や瓶を持って行くことにしている。きれいな落ち葉や実を拾い集めるためだ。山登りの途中でこうした楽しみがあれば、飽きずにすこしずつ進んでいくことができる。今日の娘はコマユミの紅葉が気に入ったようで、小さな手でピンク色や赤色の小ぶりな葉っぱを器用にたくさん拾い集めていた。途中、一瞬だけ日が差した。もともと赤かったコマユミの葉っぱが、光を受けて明るく透けた赤色に変わる。きれいだ。

美し森の展望台までは、大人の足で15分で辿り着ける、とっても楽なコースだ。それなのに、10時から登り始めて、山頂に着いたのはなんと12時。たった15分の道のりに2時間もかかってしまったようだ。いったい僕たちは山道でなにをしていたのだろうか。葉っぱを拾っていたことだけは覚えているのだけど、それでそんなに時間かかるかなぁ。

10月19日(水)

朝から良い天気。青空が広がっている。風が涼しくて気持ちがいい。今日の最高気温は20℃程度のようだ。天気の良い秋の日は、外に出るだけで幸せな気持ちになる。本当は事務仕事がたくさんたまっているのだけど、こんな気持ちが良い日に家にいるのはもったいない。すべてのことをいったん忘れて山へ行くことにした。昨日、娘と歩いた美し森の山道の途中で、気になる脇道があったので、その道を歩いていくことにする。

この道がどこに続いているのか、僕は知らない。この先にどんな植物があるのか、僕は知らない。そう、僕は今、未知を求めて歩いているのだ！　そう思ったらひとりで勝手にウキウキしてきてしまって、足が止まらなくなった。ずんずん歩く。落ち葉を踏むサクサクッという音が足元のすこし後ろからついてくる。給水のため、立ち止まる。鳥の鳴き声がする。2時間ほど歩き、まだ1枚も写真を撮っていないことに気付く。植物にも、虫や鳥にもたくさん会ったのだけど、これは撮らなければ、と思うものがなかったのだ。こんな日も、意外とよくある。でも気持ちが良かったことだけはたしかだし、今日、僕はすごく幸せだった。

帰り道で、ヤマブドウの実が何粒か落ちているのを見つけた。今日は熊より先に見つけることができたようだ。その場で一粒パクリ。甘酸っぱくてうまい！

10月20日(木)

仕事の打合せのため新宿へ。午前と午後で別の打合せがあったので、その移動の合間

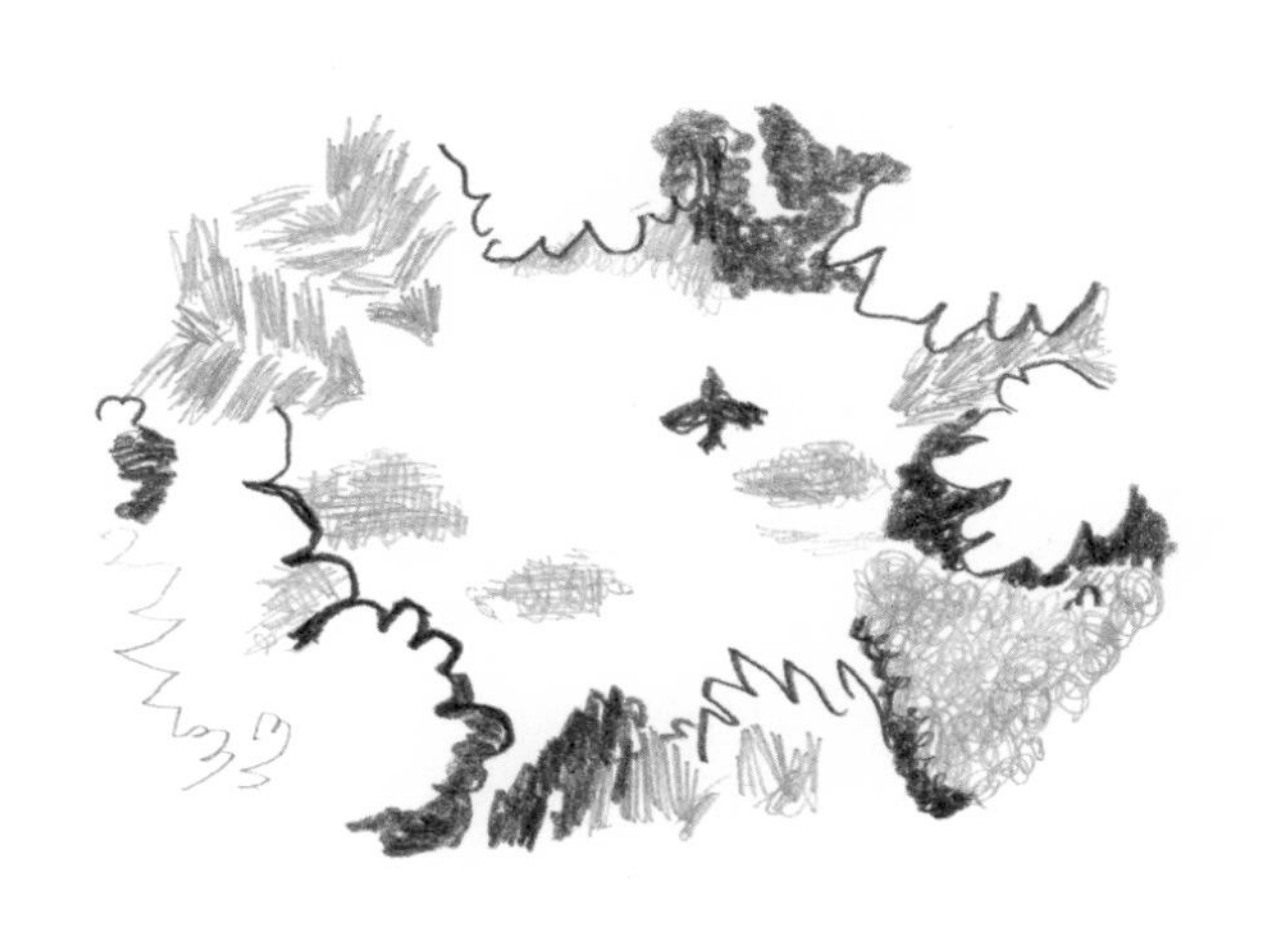

に新宿御苑に行く。ちょっとでも撮影をしたかった。園内を歩くと、すぐに背中が汗ばんでくる。今朝、山梨を出た時は秋だったのに、こちらはまだ夏の終わりといった雰囲気。木々が青々としていて、季節感の違いにすこし戸惑う。

樹林地の林床に、まだ背丈の低いボタンクサギがたくさん生えていた。濃い緑色をした、ヒマワリの葉っぱのような三角形がずらっと並んでいる。これはもともとは、中国から観賞用として日本にやってきた植物なのだが、こうして野生化しているものもよく見かける。遠くから見ると、赤いアジサイに見間違うような花を夏に咲かせる植物だ。ここにはどうしてこんなにボタンクサギが生えているのだろうか。そう思い、腰を下ろして地面すれすれから上を見上げてみる。すると、空を覆う樹冠の一部にぽっかり穴が開き、そこだけ空が見えていることがわかった。おそらく、そこの穴を埋めていた樹木がなんらかの原因で枯れたのだろう。その結果、この地面にだけ光が多く届くようになり、ボタンクサギのような明るい環境を好む植物が真っ先に生えてきたのだと想像する。

植物がどうしてその場所にいるのか。僕はいつもそれを知りたいなと思っている。

10月21日(金)

明日は娘のようちえんでお祭りがある。在園の年長さんや卒園生がお店を出し、保護者やようちえんの運営に関わってくれている人、加えて地域の方などが訪ねてきてくれる。年中さんと年少さんは、その様子を見学する。僕は駐車場への誘導係を担当したので、そのシフト割りなどの準備をする。

どうしてだか、それだけで一日が終わりそうになったので、慌てて庭で植物撮影。本当は春に咲くはずのライラックの花が咲いていた。薄いピンク色の花びらが4枚付いていて、そのうち2枚に注目するとまるでハート型に見える。花に近づくと、良い香りもしてくる。そのそばで、ホトケノザも花を咲かせていた。紫色の花が、茎の先端から上へぴょこんと伸び上がるように咲いている。

そういえば今日は山梨もすこし暖かい。このところ、冬のように寒かったり、秋真っ盛りの気候だったりして、寒暖差が激しい日々が続いていた。この感じは、初春の雰囲気とすこし似ている。ホトケノザの花にぐっと近づいて1枚パシャリ。筒状になった花が、その先端で上下に分かれるように開いていて、その下側の花びらに濃い紫色の点々が付いている。その点々がまるで犬の困り顔のように見える。ホトケノザも、「もう、春だか秋だかわからないよ……」といっているように見えてきた。

10月22日(土)

ようちえんのお祭り当日。保護者が早朝から集まって準備をし、子どもたちの晴れ舞台を演出。年長さんにとっては、自分たちでお店を出すというのはとても大きなチャレンジなので、この日のためにたくさん話し合いが行われたようだ。お祭りの最後には出し物の時間があったのだが、なんとわが娘が自作の歌をアカペラで歌い出してびっくりした。子どもたちも保護者も先生たちも、集まってくれた方々も、みんな楽しそうで素敵な時間だった。

夕方、帰宅してから近所の公園に行く。キャラボクの実が生っていた。すこし、ゴム質のような印象を受ける赤色の卵型をした実で、その先端に丸い穴が開いている。ベルみたいな姿だ。こういう話を書く時には、つい「赤い実」と書いてしまうが、この赤い部分は仮種皮(かしゅひ)と呼ばれるもので、正確には果肉(実)ではない。でも種の皮でもないので、「仮」の「種皮」と呼ばれている。実際のところ、僕自身、この意味を理解できているわけではないのだけど、図鑑にそう書いてあるので、そうなのだなと思っている。知識って、なんなのだろうなと思う。

ややこしい話はさておき、この仮種皮は、なんと、食べることができる。ゼリー状でほんのり甘い。農村部の年配の方からは、「子どもの頃にこれをよく食べた」という話をよく聞く。それも納得の美味しさなのだけど、僕はまだ、このキャラボクが食べられることを娘に教えていない。なぜなら、この赤い仮種皮は美味しくても、その中にある黒い種子はアルカロイド系の毒を持つからだ。間違って種をかみ砕いたら、中毒を起こしてしまう。娘は今3歳半。仮種皮と一緒に、うっかり種子をかんでしまう可能性を排除できない。いつ教えようか。タイミングの見極めが難しい。

10月23日(日)

今日は、近所で行われているクラフトフェアへ家族で向かう。娘はうさぎの顔の形をしたガラス玉を買い、千尋さんは陶器の皿を買う。そして僕は、ヤマブドウのバッグを買った。つるが格子状に編み込まれたデザインで、お財布やスマホ、ノートくらいは入りそう。ちょっとしたお出かけに良さそうな作品だ。このところ、ヤマブドウの実を熊と取り合っていたので、なんだか急にヤマブドウのバッグが欲しくなってしまったのだ。
野山で見ると、ヤマブドウのつるはとてもしっかりして見える。地面から伸びていき、木の幹や枝に絡み付いていく様子は、とても力強い。そんなつるが、人の手で編まれてバッグになるのだからすごい。これを売っていた職人さん本人に、「これ、どうやってつくるんですか?」と尋ねると、「ここ」といって頭を指でコツコツしながら「ここに設計図が入ってる」といわれた。

10月24日(月)

友人に本を送るため、午前中に運送会社へ向かう。自転車で向かう途中で、道路沿いのやぶに、ラーメンのような黄色いひもが絡まっているのを発見した。自転車を降りて近づいてみると、アメリカネナシカズラだった。よく見ると、花が咲いていた。花径は3㎜ほどと小さく、全体が白色をしていてまるで目立たない。ここに花が咲いていることを知らなければ、遠目には白い粒々がたくさんあるな、くらいにしか思えないだろう。
この植物は、「根も葉もない」植物として知られている。そういわれてもピンとこないと思うが、とにかくその言葉通り、本当に根も葉もない姿で生きている。ではどうやって生きているのかというと、つるに秘密がある。アメリカネナシカズラは、つるで他の植物に巻き付いていく。その際、つるから寄生根というものを出し、宿主の体内へ侵入する。寄生根を通して宿主から水分や養分を横取りするので、自身の根っこや葉っぱがなくても生きていくことができるのだ。カナムグラの茎に絡み付いたアメリカネナシカズラのつるのはじまりから終わりまでを確認すると、たしかに根も葉もなく、そこにただ黄色いひもが付いているだけのように見える。これで生きているのだから驚きだ。

とても興味深い植物なのだけど、僕はまだこれを書籍や寄稿などで紹介したことがない。なぜなら、僕はまだこの植物の存在、生き方をなんとなく信じきれずにいるからだ。それくらい、この植物は、常識とは違う生き方をしている。要するに、わかるけど、わからないのだ。いつか僕がどこかでこの植物のことを書くことがあれば、それは僕がアメリカネナシカズラという存在を受け入れた時になるだろう。

10月25日(火)

朝、洗濯物を外に干していると、向かいの山に雪が積もっているのが見えた。山全体がうっすらと白くなっている。初冠雪だ。野山が近い場所で暮らすようになってから、季節の変化がどこからやってくるのかがわかるようになった。ここでの冬は、庭の向こうの山から下りてくる。そういえば、あの山の名前を僕はまだ知らないことに気が付いた。

視線を下ろすと、カラスノエンドウが芽生えていた。カラスノエンドウは、春に花を咲かせる植物だが、じつは前年の秋にはこうしてすでに芽生えている。この姿のまま冬を越し、来年の春まで待って花を咲かせるのだ。ライラックは季節を勘違いしていたのに、カラスノエンドウはちゃんと季節通りに動いている。植物は、どのようにして時(とき)を知るのだろう。

10月26日(水)

朝、娘をようちえんに送り、その足でまた山へ行く。清里方面に車で向かう時、いつも気になっていた林道があったので、そこに行ってみたかったのだ。特に名前がある場所ではなさそうだが、どうも落葉樹が多くありそうで、紅葉がよく観察できそうに思った。

車を降りて林道を歩くと、思った通り紅葉が盛りだった。足元に、カジカエデの大きな葉っぱがたくさん落ちていたので、まずその写真を撮った。カナダの国旗に描かれているサトウカエデの葉っぱに近い形をしている。見上げると、オオモミジが黄色やオレンジ色に色付いていた。林に差し込む太陽の光を受けて、透けるように輝いている。

一応、ここには人が歩くための道はあるのだけど、どうもしばらく、この道を通った人がいた感じがしない。なんというか、人の気配が感じられないのだ。

ちょっと道をそれて、川を歩く。こういうこともあろうかと、今日は長靴を履いてきていた。水の中をじゃぶじゃぶと進む。すると、川の流れにのって、オオモミジの葉っぱが次々に流れてきた。その中に、岩にぶつかって止まっている葉っぱがあった。ちょうど光があたるところにあり、川の水と一緒に光っている。たぶんこれは、僕しか見ていない景色だな。そう思いながら写真を撮った。

10月27日(木)

朝7時から、来年の2月に出版予定の本の原稿をひたすら書き続ける。今僕が行っている植物観察の年間講座を漫画化するという内容で、漫画はイラストレーターのカツヤマケイコさんが描いてくれて、僕は知識の補足をするためのコラムを書く。いつもは2時間くらいで集中力が切れ始めるのだが、今日は4時間休憩なしで書き続けることができた。まだまだいけそうだったのだが、娘のお迎えに行かないといけないので途中で中断。なんだったのだろう。今日は。

ようちえんに着くと、アブラチャンの茶色い種子が落ちていた。コロコロッと丸く、ちょうどビー玉くらいの大きさをしている。そういえば、前に娘がどんぐりと一緒にアブラチャンの種子をたくさん拾ってきていたことを思い出した。ここで拾っていたのか。アブラチャンの種子からは、油を採取することができ、電気が普及する前はそれを灯火用に使ったことから、名前に「油」が付くそうだ。「チャン」の方の由来は諸説あって、いまいちよくわからない。娘が「あぶらちゃん」と口にすると、その語感がとてもかわいらしく、良い名前だなと思う。

ふと見ると、娘はようちえんの駐車場で、オオバコのお皿に、セイヨウタンポポの黄色い花とイヌタデの薄桃色の花の盛り合わせサラダをつくっていた。原稿ははかどるし、娘は落ち着いて遊んでいるしで、なんだか平穏に過ぎた一日だった。

10月28日(金)

今日はようちえんの送りも迎えも千尋さんが行ってくれることになったので、僕は日中原稿に取り組めることになった。なぜだろう。今日もものすごくはかどった。かれこれ7時間ずっと集中して書けてしまった。絶好調すぎて恐い。

さすがに今日はこれで十分かと思い、原稿書きは終了。10月10日に赤いミシン糸を結んでおいたキンモクセイを見に行くことにした。二度咲きの観察を楽しみにしていたことを思い出したのだ。しかし、僕が楽しみにしていた花のつぼみは、すでに咲き終わってしまっていた。花が茶色になり、もう落ちる寸前だ。あと1週間から10日は早く見にこないといけなかったようだ。このキンモクセイの二度咲きの定点観察を、僕はもう4年間失敗し続けている。どうしたら忘れないでいられるのだろうか。がっかりしながら、目印の糸を回収した。

10月29日(土)

植物観察会のため上京。今日のフィールドは港区。以前勤めていた会社の近くだったので、懐かしい気持ちになる。ビジネス街で植物を見ている人は、当たり前だけど、少ない。駅から会社までの道のりは、多くの人にとっては移動するためのもの。でも、僕は会社員だった頃、アスファルトが敷かれた普通の歩道でいつも植物を見ていた。

都心部でもよく出会う植物のひとつにウラジロチチコグサがある。アスファルトの隙間にちょっとだけ土がたまるような場所でよく見かける草丈の低い草だ。一見なんの個性もなさそうに見えるが、じつはわかりやすい特徴がある。葉っぱの裏が白いのだ。地味な存在でも、その名前がわかるとなぜか嬉しい気持ちになる。ただの通勤ルートが、「ウラジロチチコグサが生えている道」に変わる。

ウラジロチチコグサは、冬は葉っぱを地面にくっ付けるようにして、低い姿勢になる。これは冷たい風にあたりにくくするための姿勢といえる。真上から見ると、葉っぱが放射状に出て互いに重なり合わないようになっている。こうしておけば、冬の少ない日の光を効率よく集められるようになる。この低姿勢で地面の隙間に生きていると、どうやら人に踏まれてもダメージが少ないらしい。知れば知るほど良い生き方だなと思う。あぁもう。ウラジロチチコグサのように、僕はなりたい！　5年前の会社勤めの僕は、そう真剣に思っていたことを思い出したので、今日の観察会ではちょっと大げさに紹介してしまった。

10月30日(日)

飯盛山の登頂を果たしてから、娘は山登りに関心が向くようになった。昨日のうちに、今日は瑞牆山(みずがきさん)に行くと千尋さんと娘で決めていた。僕もすかさずついて行くことにする。たぶん、紅葉がちょうど見頃のはずだ。

今日は山頂は目指さず、行けるところまで行くと方針を決め、登り始める。するとすぐに、コシアブラの葉っぱがたくさん落ちているのに気付いた。先端がつんと突き出た楕円形の葉っぱを5枚セットにした形をしていて、その全体は30㎝程度と大きいので、落ちていると存在感がある。目立つ赤色や黄色の紅葉とは違い、これは薄い黄色。秋の落

葉樹の中では、独特の美しさを持っている。娘はこれを気に入ったようで、たくさん拾い集めて両手に持ち、「ちょうちょだよ～」と腕をパタパタ振っている。

ゆっくり登ると、今度はギボウシの葉っぱが落ちていた。これも先端が尖った楕円形をしている。葉脈がみんな葉っぱの先端に弧を描くように流れて集まっていて、葉っぱ全体の雰囲気として、曲線美を感じる姿をしている。葉っぱの緑色がすっかり抜け落ち、白色に近い薄い茶色になっている。娘はこれも気に入ったようで、2枚あわせて、これまた「ちょうちょ～」といっている。どうやら今日は、薄い色が気に入ったらしい。

2時間ほど歩き、千尋さんがつくってくれたお弁当を3人で食べる。食べ終わると娘は満足したようで、「もう帰る」という。まだほとんど登っていないけど、娘がそういうなら今日はここまでだ。帰り道で、枯れ始めたテンナンショウを見つけた。この葉っぱも薄い黄色。こういう色の落ち葉って、じつは多いのだろうか。僕が気付いていなかっただけかもしれない。

10月31日（月）

今日は昼前に娘の同級生の6家族が集まり、果樹園でバーベキュー。子どもたちは自由に遊び、親たちはそれを見ながら話に花を咲かせる。僕も昼間からビールを飲み、いい気分。天気も良く、とてもいい日だった。

ひとり畑を見回ると、夏に落ちたミニトマトの実の中から、新しい芽生えが出てきているのを発見した。地面に落ちた実は、きっと小さな虫や菌類たちにその果肉を食べられたのだと思う。そして、そこに残った種子から、新しい命が出てきたのだ。トマトの実の皮は誰も食べなかったらしく、割れた風船のような姿でそこに残っていて、芽生えを包むような格好になっている。こんなこともあるのか。と、しばし見入る。

10月3日／ツルウメモドキの実

10月4日／落ちる寸前のヤマブドウの葉っぱ

(右上) 10月6日／ハナミズキの冬芽　(左上) 10月7日／ユーカリの葉っぱ
(下) 10月11日／ウラジロノキの落ち葉

10月13日／サワフタギの実

10月22日／キャラボクの実

（上）10月24日／アメリカネナシカズラの花
（下）10月30日／ギボウシの葉っぱ

11月1日(火)

仕事がたまっているため、今日はひたすら家で作業をする。雨が降っているので撮影もお休み。

コーヒーが切れていたので、チャイの淹れ方を千尋さんに教えてもらう。まず、水を鍋に入れる。そこに紅茶とカルダモン、クローブ、シナモン、ハッカク、ショウガなどを入れ(好きなものを入れればいい、といわれた)、火にかける。沸騰したら牛乳を加え、お砂糖を入れたら完成。意外と簡単だった。

淹れながら、チャイの材料って、牛乳以外は全部植物なんだなと思う。紅茶は葉っぱ。カルダモンは種子。ハッカクは果実と種子。シナモンは内樹皮。ショウガは地下茎だ。よくわからないのはクローブ。こげ茶色の棒のようなものの上に、薄茶色の球体がのっかっている。実かな? と思って調べると、どうやらこれは花のつぼみを乾燥させたものらしい。そうだったのか。また新しいことを知ってしまった。

11月2日(水)

明日から、家族で京都旅行に行くので、今日も一日事務仕事。娘をようちえんに送り届けてから、清里へ行く。このエリアには、植物観察をするにはちょうどよいハイキングコースがたくさんあるので、ちょっと時間ができた時には足を運ぶようにしている。ようちえんから車で20分ほどで行けるので、今のこの住環境を僕はとても気に入っている。

まずは、清泉寮ジャージーハットで、コーヒーを飲みながらメール返信をする。テラス席からは富士山が遠望できる。よく晴れて、とても気持ちがいい。たまっていたメールを返信し終え、近くを散策する。すると、すぐにオオカメノキを発見。すでに葉っぱが落ち、枝先の冬芽が目立っている。来年の春に展開する葉っぱが、小さく縮こまったような形をしていて、でこぼこした葉脈も確認できる。毛がびっしり付いているので、これが寒さ対策として役立つのだろう。葉っぱが落ちた痕には、維管束（いかんそく）(水分や養分が通る管)が通っていた痕が点々と3つ残っていて、まるで笑っている顔のように見える。すごくかわいい。また、葉芽（ようが）と花芽（かが）の両方が枝先にそろっていると、今度はバンザイしている人のように見える。これもまたかわいい。どうやら清里には、もう冬がきているようだ。

11月3日(木)

今日から家族旅行スタート。山梨から京都まで一日で移動するのは大変なので、今日の移動は名古屋までとすることにした。9時頃に家を出て、13時過ぎに名古屋に到着。せっかくなので、東山動植物園に立ち寄る。

園内を歩き回っていると、コアラ舎のそばにユーカリが植えられていることに気が付いた。見上げるほどの高木だ。10mくらいはあるだろうか。この木の葉っぱは、人にとっては有毒だが、コアラはこれを食べて生きている。そのことは知っていても、ユーカリの実物を見る機会は少ないので、写真を撮っておくことにした。解説によると、すこし細長い楕円形の葉っぱを持つものがユーカリ・ビミナリスで、それよりずんぐりとした印象の卵型の葉っぱがユーカリ・ロブスタらしい。どうやらユーカリにも種類があるようだ。日本の植物だって知らないことだらけなのに、海外の植物なんてまるでわからない。一生かけたって、植物のすべてを知ることはできないのだろう。

11月4日（金）

朝、ゆっくりと準備して名古屋を出発。昼過ぎに京都に着いた。

大学で造園学を専攻していた関係で、学生時代にはよく京都に足を運んでいた。授業で庭園の話を聞く度に、その実物を自分の目で見てみたいという気持ちになり、まとまった休みがあれば夜行バスで見に行くというような調子だった。

造園技法のひとつに、「借景」という手法がある。これは、庭園の外にある木や山などの自然物を、庭園の景観の一部として取り入れるというもので、京都では圓通寺の庭園にその代表作がある。実際に圓通寺の座敷から庭園を見ると、その向こうにある比叡山の山容が庭園の景観の一部となっていて、その見事さに圧倒される。庭園という限りのある空間も、まわりの景色を借りれば大きく使うことができる。訊くと、圓通寺の庭園は、江戸初期につくられたという。なんというすごい知恵だろうか。と、昔の造園家の発想にしばし感じ入ったことをよく覚えている。

あれから時が経ち、今日は家族で京都にきた。円山公園に行くと、娘が歩く先に東山が見えた。この山の存在が、円山公園の景観を、より大きなものとしている。これも借景といっていいだろう。これを見て、今日の僕は学生の時とは違う感想を持った。当時は、借景を革新的で斬新な発想だと感じたのだが、今こうして見ると、そこに山があれば、それを意識し、取り入れようとするのは当然のことのように思ったのだ。

学生時代の僕は、造園だけを学び、自然のことはあまり学んでいなかった。今の僕は、造園からは離れたが、自然のことをよく見るようになった。そうしたら、景色の見え方が変わったのだ。きっと昔の造園家は、自然をよく見ていたのだと思う。借景をすごいことだと感じるのは、現代の人間と自然との距離が離れたことを表しているのかもしれない。

11月5日（土）

せっかく京都にきたので、独立研究者の森田真生さんご家族に会いに行くことにした。森田さんとは、これまでに度々、一緒に植物の観察をする会を開いてきたが、こうして仕事以外で会うのははじめてのことだ。

森田さんご家族と一緒に街を歩いていると、京都にはナンテンを大切に扱っている家が多いことに気が付く。ナンテンは、難（なん）を転（てん）じる縁起物だ。庭園ではどこでも大切に扱われているので、その意識が個人にも浸透しているのだろう。玄関先の赤いナンテンを見ると、京都の景色だな。と思う。

お寺と庭園を巡り、日も暮れてきた頃、森田さんが娘に向かって「ほら、あそこに美しいものがあるよ」と優しく声をかけてくれた。その指差す先には、月があった。美しいものには触れることができない。でも、そこにある。森田さんがそんなことを娘に教えてくれたように感じた。

11月6日(日)

今日は植物観察会。京都の中心部から、電車でおよそ15分程度の駅の付近で、植物観察を行う。今回の京都旅行は、この仕事が目的だ。最近、観察会のために遠出をする際には家族を連れて行くようになった。観察会でいただいた謝礼を、そのまま家族旅行で使いきって帰るのだ。

駅から続く歩道には、モミジバフウが植わっていて、ちょうど紅葉が見頃だった。紅葉というと、赤や黄色、オレンジ色に色付くイメージがあるが、モミジバフウは、木によって様々な色を見せてくれる。鮮やかな紅葉に混ざって、黒に近い紫色の葉っぱが出てきたりするので、紅葉の雰囲気が、他の樹木と比べて異彩を放っている。

モミジバフウの枝には、コルク質のものが発達して付いていることがよくある。枝に沿うように、細長い板がくっ付いたような形をしていて、なにも知らなければ、枝が病気になったのだろうか、と思うような見た目をしている。これを、植物の言葉では、「枝に翼がある」と表現する。僕が調べた範囲では、これがなんのためにあるものなのか、どうやらまだわかっていないようだ。

僕は、植物の「わかっていないこと」が好きだ。なぜなら、自然観察において、「わかっていない」ということは価値を持つからだ。もし、疑問に対していつも答えが用意されていたら、僕たちは多分、その正解を求めるように観察をしてしまう。しかし、そこに答えがないのであれば、僕たちは自由な発想で観察ができる。もしかしたら、この翼は、大きな動物に枝を食べられないようにするための防御に役立っているのかもしれない。あるいはそもそも意味はなく、ただそうなっているだけという可能性だってある。今回は、15人ほどの参加者さんみんなでこの疑問を考えたが、やっぱりよくわからなかった。なにかがわかることだけが観察ではない。なにもわからなかったということも観察だ。今日は、モミジバフウのおかげでいい観察ができた。

11月7日(月)

旅行も最終日。今日は名古屋の街を散策する。ケヤキの街路樹が並ぶ道に、枯れた葉っぱがたくさん落ちていた。それを掃き清める人がいて、その近くには落ち葉が詰まったゴミ袋が並んでいた。たぶんこの中には、ケヤキのタネも一緒に入っていると思う。

都市部では、木々の葉っぱは土に還ることを許されていない。それでも、人の目をかいくぐって、ケヤキは新たな場所から芽生えてくる。そんなところに、土なんてないでしょう？　と思うようなビルと歩道の隙間からだって、しゅっと枝を伸ばしてくるのだ。このたくましさは、自然の中では重要なはずだが、ここは、街だ。どんな幼木も、大きくなったら人の都合により切られてしまうだろう。

11月8日（火）

山梨の家をしばらく空けたので、庭の様子を点検する。

野菜を植えている畝（うね）の端っこに、ハキダメギクがよく咲いていた。漢字で書くと「掃き溜め菊」。ゴミ捨て場で見つかったため、この名前になったらしい。その名前とは裏腹に、ハキダメギクはとてもかわいらしい花を咲かせる。キク科なので、真ん中に「筒状花（とうじょうか）」という小さな花を密集して咲かせ、その周囲を「舌状花（ぜつじょうか）」という白い花冠（かかん）

を持った花が飾るようなつくりになっている。この舌状花の花冠は、先端が3つに割れていて、この形がなんとも愛らしい。花の直径が5㎜ほどしかないので、このかわいさを知るには、ルーペを使って近づく必要がある。「ハキダメギク」ではなく、なにか他の名前だったら、もっとこの花の良さが広く認知されたかもしれないのにな、と思う。

観察していると、すでに花が終わり、タネを付けているものも見つけた。ハキダメギクは、小さな花の集合体なので、花が終われば、小さなタネの集合体になる。タネの先端には白い毛が付いているので、これで空を舞うことができる。家のハキダメギクは、どこから飛んできたのだろう。

11月9日（水）

標高400mほどの家の付近にも、どうやら冬が近づいてきているようだ。壁を這うナツヅタの葉っぱが赤くなり、落葉がはじまっていた。

ナツヅタの落葉はすこしユニークだ。なぜなら、葉っぱが落ちたあとにも、壁を這うつるには、ひょろひょろした棒状のものが残るからだ。植物の葉っぱは、その平面に広がる部分の「葉身（ようしん）」と、葉身と茎をつなぐひょろひょろの軸の「葉柄（ようへい）」からなる。普通の植物は、葉柄が茎にくっ付いている部分からポロッと落葉するが、ナツヅタは、葉身と葉柄の境目が離れて落ちる。なので、壁を這うつるには葉柄だけが残る格好になる。

なぜこんなことになるのか、その理由を調べると、「単身複葉（たんしんふくよう）」というキーワードが出てくる。短く説明するなら、こんな感じになるだろうか。ナツヅタの葉っぱは単葉（たんよう）に見えるが、じつは複葉（ふくよう）としての性質を持っている。なので、落葉の際には、まず複葉を構成する葉軸（ようじく）と小葉（しょうよう）の付け根に離層がつくられる。そして、見た目上は、葉身と葉柄が切り離されたように見える、というわけだ。

自分としてはこの答えに納得しているのだが、僕はこの話にはあまり観察会で触れないようにしている。なぜなら、初心者向けの観察会でこのような説明をしても、これを理解できる人はほぼいないだろうと思うからだ。もし話すなら、まず「単葉」と「複葉」とはなにか、という話からしないといけない。知識を積んでいくことで、ようやくわかる面白さもある。

11月10日（木）

明日からまた上京しての観察会があるので、今日のうちに事務仕事を済ませておく。

午後、ようちえんに娘を迎えに行くと、娘のお友達のJちゃんも家にきたいというので、一緒に連れて帰った。3人で近所の川にカニ釣りをしに行ったのだけど、今日は1匹も釣れなかった。家に帰って調べると、どうやらサワガニは冬眠をするらしい。このところすこし暖かい日が続いていたが、サワガニにとってはもう冬ということなのだろうか。

近くにススキが生えていたので、10本ほど摘んで帰る。その穂をまとめて何回か縛っていくと、フクロウをつくることができる。今日は、僕もはじめてつくったのであまりうまくできなかった。娘が小さいうちに、昔ながらの植物遊びを色々試したいと思っている。

11月11日（金）

今日は、東京農業大学のオープンカレッジの講座を担当する日。テーマは「実とタネの観察」。二日間の時間をもらったので、一日目は室内での机上講座を行い、二日目はキャンパス内で観察会をすることにした。15年前に卒業した母校で、自分が講師役を務めるのは不思議な気持ち。内心はとても嬉しくもある。

講座を終えたら、明日の下見をする。キャンパス内でクチナシの橙色の実を見つけた。橙色なのは、実の主要部分だけで、その先端には、緑色のがくの名残りが付いている。横から見ると、橙色の部分は樽状になっていて、その先のがくが細長く放射状に伸びていることがわかる。この実を真上から見ると、がくに囲まれた部分だけが黒くなっていて、もしかしたらここに穴が開くのでは？　と思わせるようなつくりになっている。しかし、いくら待ってもここに穴が開くことはない。種が落ちる口（穴）がありそうに見えて、じつは口がないので「クチナシ」と名前が付いたという説がある。

カッターで実を縦半分に切ると、実の外側の橙色よりもさらに鮮やかなオレンジ色の果肉が出てくる。この色素は、栗きんとんや、たくあんの着色に使われる。そして、果肉の中には、薄い種子がたくさん入っていることもわかる。実の内部がこれだけ鮮やかな色をしていると、鳥の目には、食べかけの実さえも目立って見えることだろう。何度もついばまれるうちに、クチナシの種子は鳥の体内に入り、フンに紛れて新天地へと辿り着くのかもしれない。こんなことも可能性としては検討していいだろうと思う。明日の観察会で話してみよう。

11月12日（土）

東京農大オープンカレッジ二日目。今日は、10人ほどの受講生と一緒にキャンパス内を歩いて植物観察。ケヤキの落ち葉がたくさんあったので、みんなでタネ探しをする。僕の観察会では、ケヤキのタネ探しは秋の定番だ。

先端が細くなる卵型をしたケヤキの落ち葉には、じつは2種類ある。長さ10㎝ほどの大きな葉っぱが1枚で落ちているものと、その半分の5㎝ほどの小さな葉っぱが、枝と一緒になって落ちているものだ。このうち、枝付きの落ち葉をよく見ると、葉っぱの付け根に粒々が付いている。これが、ケヤキの実だ。この中に種子が入っている。ケヤキの種子は、葉っぱと一緒に落ちることで、風に舞い、そうして遠くへ移動する。学生の時は、この落ち葉を友人に投げつけて遊んでいたのだが、あの中にじつはタネが隠れていたこと、当時の僕は知らなかったなぁ。

11月13日(日)

娘の七五三参り。僕の両親もきてくれたので、三世代で神社にお参り。赤い生地に花まりの柄が付いた着物を着た娘が終始楽しそうにしていた。

夕方、帰ってきてから家族で近所を散歩。田舎の良いところは、そこらに生えている花を気軽に摘めること。なにもいわずとも、近所の人が、庭や畑に生える花を摘んでくれることもある。集めた花を入れる袋や容器を持っていなかったので、娘の長靴に花を挿して集めていく。家に着く頃には、長靴に花が咲き誇っていた。

11月14日(月)

この秋に、山に行く度にすこしずつ集めていた実が随分たまってきたので、整理をする。コナラやミズナラなどの細長いどんぐりや、丸くてずんぐりしたクヌギ、松ぼっくりを小さくしたような姿のカラマツの球果(きゅうか)、手のひらほどの長さがある大きなホオノキの実など、形も大きさも様々で、見ているだけで楽しい気持ちになる。

これまでは、僕自身が色々な場所に出向いて植物ガイドをしてきたが、数年後には自分の拠点をつくり、そこに人を招く形で活動をしたいと考えている。その時に、室内でも色々な話ができるようになっていたらいいなぁと、木の実の展示方法を思案している。今のところ、ガラス製の縦長の瓶に飾るのがいいかなと思っている。木の実が付いた枝をそのまま差し入れて、コルクで蓋をしておく。時間が経つと萎れて変化してしまうものと、長期間同じ形を保っているものがあるので、どの実が展示に適しているか実験中だ。

そんな作業をしていたら、娘が隣にきて、真似っこしてきた。庭で咲いていたゼラニウムの赤い花びらを、ガラス瓶に入れていく。花びらは軽いので、ふんわり空気と一緒に花びらが積み重なっていく。なんだか優しい雰囲気の瓶が完成した。きれいだけど、これはすぐに枯れちゃうかな?

11月15日(火)

朝から健康診断に行く。バリウム初体験。想像していたよりも気持ちが悪かった。結果が出るのは1か月半後だという。自覚症状はないのだけど、もしかしたらなにか病気が見つかるかもしれない。自分自身の身体のことがわからないというのは、なんとも心許ないことだなと思う。

帰り道、道路と林を区切るガードレールの向こうに、落ち葉がたくさん積もっているのが目に入った。自然の中では落ち葉は宝物だ。小さな生きものや土壌を育んでくれる。娘を迎えてから、自分が死んだらどうなるかな。と考えるようになった。まだ、その時がくる覚悟なんてまるでないのだけど、できることなら、いい落ち葉になりたいなと思う。

11月16日（水）

近所でヒイラギの花が咲いていた。トゲトゲした濃い緑色の葉っぱの脇で、枝に密着するように小さな白い花が密集して咲いている。ヒイラギは、キンモクセイと同じモクセイ科だ。同じグループに属しているだけあって、花の形は似ていて、どちらも似たような香りがする。でも両者は咲く季節が違う。僕にとって、キンモクセイは秋を告げる花で、ヒイラギは冬を告げる花だ。

11月17日（木）

3歳半頃から、娘がよくお友達と遊ぶようになった。なので、ようちえんの送り迎えの際は、僕も子どもたちと遊ぶようになった。すごく楽しい。落ち葉がたくさんの季節なので、みんなで落ち葉を投げあって遊ぶ。娘は、葉っぱを1枚、口にくわえて「ペンギンのお母さん～」などという。どういうことかわからないけど、僕も真似をして落ち葉を口にくわえてピヨピヨ歩く。

近所にも落ち葉がたくさん落ちている。今日は、エノキの落ち葉が渋くていいな、と思った。茶色いのに、艶があって光っている。このあたりは、夏には国蝶のオオムラサキが飛ぶようだから、もしかしたらオオムラサキの幼虫が落ち葉に隠れているかもしれない。今度探してみよう。

11月18日（金）

上京。今日から四日連続で観察会がある。秋の植物といえば、なんといっても「実とタネ」の観察が楽しみだ。植物は、根っこを下ろしたらその場所から移動することができない。でも、実とタネになった時だけは親元を離れて旅に出る。「移動しない植物」が「移動する」。これが、この季節の観察会の主なテーマになる。

たとえば、街中のどこにでも植えられているサツキにも、じつは今、実が付いている。葉っぱに埋もれるようにして実が付いているので、意識的に探す必要があるが、よく見れば、星型に開いた実をたくさん見つけることができる。実を見つけたら、今度はその中身を出してみる。すると、１㎜程度の小さな種子がポロポロと出てくる。とっても軽いため、ちょっとした風で、ほこりのように飛んでいってしまう。すぐに飛ぶので観察するのは難しいが、これこそがサツキの移動方法だ。

僕たちは普段、サツキの植え込みのそばをよく歩いている。でも、まさに今、種子が近くを飛んでいるかもしれないなんてことには、ほとんど気付いていない。

11月19日(土)

観察会二日目。風で飛ぶ以外にも、人が歩くことで運ばれる植物もある。今日観察したコセンダングサは、その代表選手のひとつといえるだろう。この植物の近くを通るだけで、靴やズボンにびっしりと針のようなタネがくっ付いてくる。いわゆる「くっ付き虫」だ。

くっ付く秘密はタネの先端にある。コセンダングサのタネは、先端がふたつか3つに分かれていて、そのトゲの先端に、さらに反対向きのトゲが細かく付いている。これが返し針となるので、服の繊維に一度入り込むと、容易には取れなくなる。そのしつこさから、地域によっては「バカ」などと呼ばれることもある。かわいそうだけど、そういいたい気持ちもわかるくらいよくくっ付く。今日も僕はいくつか運んだかもしれない。

11月20日（日）

観察会三日目。今日はクスノキの実がたくさん生っていたので観察する。葉っぱからすこしだけ飛び出すような格好で、小さな黒い球状の実が付いている。こうした1㎝程度の大きさの実は、鳥に食べられることで移動するものがほとんどだ。種子は鳥の体内に入って運ばれて、フンに紛れて新天地へと辿り着く。こうしたものを「鳥散布」と呼ぶ。ちなみに、種子が風で運ばれることを「風散布」といい、くっ付いて移動する方法を「付着散布」という。植物の世界では、その形態や現象のあらゆることに用語が付いている。種類によって、それぞれまるで違う生き方をしているように見える植物の共通項を見つけ、整理してきた先人たちの努力はすごいなと思う。

今回は、クスノキがどんな果肉をしているのか参加者さんに見てもらおうと思い、実をカッターで割ってみることにした。すると、その断面を見て、みんなからすぐに、「アボカドみたい!」と、声が上がった。その通り! じつはアボカドもクスノキも、同じクスノキ科なので、この両種は近縁なのだ。種子の形も、果肉の雰囲気もアボカドそっくり。今日はこれが一番盛り上がった。

11月21日(月)

観察会四日目。今日も「実とタネ」の観察をしていると、道の途中にイチョウの葉っぱが落ちていた。イチョウは、ジュラ紀にはすでに存在していたとされる樹木だ。なので、イチョウの種子(銀杏)は、かつて恐竜が食べていたのではないかという説がある。だとすると、ジュラ紀にイチョウの種子を運んでいたのは恐竜ということになる。名付けるならば、「恐竜散布」だ。想像すると面白いけれど、そんなこと、本当にあったのだろうか。

11月22日(火)

今年二度目の娘の七五三。今日は千尋さんの実家へ着物姿を披露しに行く。娘は今日も楽しそうで、朝からリビングで飛び跳ねている。

実家近くの道路で、アオギリの実が落ちているのを見つけた。アオギリは、公園や街路にたまに植えられているが、一般的な知名度は低いように思う。でも、この季節にはよく実が落ちている。アオギリの実はとっても個性的な見た目をしている。茶色い落ち葉の縁にコショウの粒みたいなものが付いた姿をしているのだ。だがじつは、これは葉っぱではなく、実が開いたものだ。開いた実の縁に種子が付いている。というのが正確なのだが、そう説明しても、植物初心者でこの意味がわかる人はほぼいない。なので、観察会で紹介したくても、なかなかできない植物だ。ともあれ、この種子も、この構造によって風で遠くへ移動することができる。

それにしても、植物の実とタネの移動の仕方は本当に様々だ。今は、親のまわりをちょろちょろしている娘も、いつか遠くへ行く日がくる。その時、彼女はどんな旅立ち方をするのだろうか。誰かと一緒に出発することもあるだろうし、空を飛ぶようにしていつの間にか離れていくこともあるだろう。きっと、僕にはわからない娘なりの方法があるのだろうなと思う。

11月23日（水）

空き地にツワブキが咲いていた。ヒマワリをだいぶ小さくしたような形の花で、濃い緑色の大きな葉っぱを背景にして、黄色い花がよく映えている。この季節は、咲く花がぐっと少なくなるので、こうして目立つ花が咲く植物は貴重だ。

花をひとついただいて、バラバラにしてみる。すると、この花はいくつものパーツに分けられることがわかる。じつは、このバラバラにしたもの一つひとつがツワブキの花に相当する。つまり、ツワブキは小さな花の集合体なのだ。これはキク科に共通する花のつくりで、タンポポなどもこうして分解することができる。

花には、色々な工夫がある。キク科であれば、たくさんの小さな花を一か所に集めて、大きな花のように見せかけて虫にアピールする。花を訪れた虫は、蜜を吸う代わりに、花粉を他の花へと運んでくれるというわけだ。こうして、花が集合体をつくる時、その小さな花の形や配置には、ものすごく秩序がある。これは、植物がその場で生きていくために必要な美しさなのだろう。僕は植物が持つ秩序が好きだ。それを観察していると、植物とはどんな存在なのかが見えてくる気がする。

11月24日(木)

朝晩がすっかり冷え込むようになった。先週末に行った東京はまだ秋本番だったけど、山梨にはもうすぐそこに冬がせまっている。東京では、まだ実が付いたアオギリが見られたが、家の近所ではほとんど実が落ちてしまい、枝に辛うじて葉っぱが数枚残っている状態だ。そして、その枝先にはもう冬芽が見えている。

植物は、見る時によって、その姿が大きく変わる。「アオギリを見た」といわれたら、脳裏に「実」を思い浮かべる人と、「冬芽」を思い浮かべる人がいる。だから本当は、アオギリのどの「状態」を見たのかを伝えた方がいい。植物は刻一刻とその姿を変えていくので、図鑑には載っていない「状態」が、それこそいくらでもあるのだ。こんなところに、一人ひとりが目の前の植物を観察することの大切さがある。それはつまり、自分だけの楽しみが、そこここに散らばっているということでもある。

11月25日(金)

娘が本当によくお友達と遊ぶようになった。今日は3歳、5歳、6歳の子どもたちが家に押し寄せてきたので、僕はみんなをお風呂に入れ、その間に千尋さんがカレーをつくってくれた。みんなが入ったお風呂の残り湯を見て驚愕。お湯が茶色くなっていた。野外保育で過ごす子どもたちが、いかに自然の中で遊んでいるのかを思い知り、すこし感動もした。

21時頃にみんなが帰ったあと、庭のウッドデッキを見るとお花の指輪が落ちていた。今日の夕方につくったものだ。子どもたちが摘んできた花を、アケビのつるで縛ってあげただけのものなのだけど、これだけで十分に遊びになる。田舎の子どもたちって、いいなと思う。

11月26日（土）

午前中は仕事をし、午後は娘と遊ぶ。どんより曇っていたからか、なんとなく気分が上がらない。どうも娘もそんな感じで、ふたりでダラダラ過ごしてしまった。途中で、辛うじてすこしだけ外出。クズの実が生っていたので、その毛深い枝豆みたいな実を開けてみた。すると、中から出てきたマメが不思議な模様をしていた。茶色い表面に、黒い点と線の模様が付いている。思えば、クズのマメをちゃんと見るのははじめてのことだ。なにもしなかったような日だけど、今日はこれが見られて良かった。

11月27日（日）

近所の造形作家さんの家に遊びに行く。そこの子が、竹を使って自作したという弓矢で遊んでいた。気になったので使い方を教えてもらう。気付けばそのまま1時間ほど一緒に遊んでいた。

娘のお友達のT君家族も偶然やってきたので、そのあとはみんなで周辺をお散歩。道沿いにコセンダングサが並んで生えている場所があったので、それで遊ぶ。黒く熟したものは、すぐにバラバラになって服にくっ付くので、遊んだあとにタネを取り除くのが面倒だが、未熟で緑色のものは、タネがバラバラにならない。なので、それを実の軸ごと投げればダーツのようにして遊ぶことができる。遠くから狙いを定めて、ピュンッと投げる。くっ付く。しばらく大人も子どももみんなでダーツ合戦となった。未熟な状態でもこんなにくっ付くということは、と思いタネの先端を見てみると、すでにすごいトゲトゲになっていた。コセンダングサで遊ぶならこのタイミングがいいのだなと知った。

11月28日(月)

娘のお友達のJちゃんが遊びにきたので、僕と娘とJちゃんの3人で滝沢牧場に行くことにした。八ヶ岳の麓、標高1300m強の場所だったので、もう冬らしい景色になっていた。乳牛の乳しぼり、乗馬体験、羊とヤギへの餌やりと、牧場フルコースをお届けし、帰宅。千尋さんと子ども番を交代する。

ちょっと写真を撮りたかったので、近所をブラブラ。家は標高400m前後なので、まだ冬とはいえないけど、もう秋でもないという、ちょうど季節の変わり目の雰囲気。道路の向こうに見える山の稜線を見ると、そこに林立する落葉樹が葉っぱを落とし始めていることがわかった。春から夏にかけては、隣り合う木同士が、互いの葉っぱで一体となっているので、どこに1本の木があるのか、見てもよくわからない。でも、秋に落葉がはじまると、山の稜線に、木々のシルエットが1本ずつ浮かび上がってくる。今はまだ、木々にはすこし葉っぱが残っている。これらの葉っぱがすべて落ちて、1本1本の木のシルエットがもっとはっきりしたら、冬だろうか。

11月29日(火)

朝からしとしと雨が降っている。寒い。娘をようちえんに送り、帰ろうとすると、ミズキの実の軸だけが落ちているのを見つけた。

ミズキは、細かく枝分かれした赤い軸の先端に、青黒く丸い球体の実をたくさん付ける。この実は、鳥に食べられたり、自然に落ちたりするので、冬が近づくと、ミズキの木にはこの赤い軸だけが残ることになる。そして、これもやがては地面に落ちてくる。地面に落ちたミズキの軸は、空から落ちてきた赤い珊瑚みたいだ。

11月30日(水)

来年の仕事依頼の連絡が今日だけで3件も届く。仕事の依頼は、くる時はくるし、こない時はこない。今日はくる日だった。なぜだろうと思ったのだけど、そういえば今日でもう11月が終わるのだということに気付いた。もう世間は来年に向けて動いている。

いわゆる年末進行というやつで、いつもより締切日が早い原稿も複数あり、今日はひたすらそれを書いて送る一日となった。

途中、休憩がてら、近所にキリの実を採りに行った。キリの木は、長さ20～30㎝ほどの大型の葉っぱを付けるので、春から夏にかけてはこの葉っぱの存在により、遠くからでもよく目立つ。でも冬には、この葉っぱが落ちてしまうので、見慣れていない人の目には映りづらくなってしまう。そんな時、代わりに目印になるのが、キリの実だ。色こそ茶色で地味だが、長さ３～４㎝ほどの大きさで、先が尖った楕円形の実は、他にあまり類似する実が思い浮かばない。なので、これを覚えれば、冬でもキリの木を見つけることができる。

家に帰ってきて、実を開けてみる。すると、その中からは細かい種子がたくさん出てきた。とてもきれいなので、写真を撮る。キリの種子には薄い翼が付いていて、これを使って空を舞っていく。ひとつの大きさが４㎜程度しかないので、なかなかじっくり観察しようという気にはならなかったが、ルーペを使って見ると、その翼は白く半透明で、かつ細かい線がたくさん入っていることがわかる。とても微細なガラス細工のような見た目だ。ため息が出るほど美しい。

植物の美しさを、言葉で伝えることは難しい。だから僕は、写真を撮る。どの角度で、どの光のあたり方で撮ればこの美しさが伝わるだろうかと苦心しながら、撮影に挑む。でも、もしいい写真が撮れたとしても、そこにはいつも課題が残ってしまう。それが、大きさの表現だ。この美しさを撮るためには、キリの種子にぐっと近づかないといけない。画面いっぱいに種子を写せば、その微細な構造を撮ることはできる。しかし、そうなると今度はそのサイズ感がわからなくなってしまう。僕が拡大して撮った写真を見て、これは4㎜程度の大きさですよ。といわれたところで、そのイメージが具体的に湧く人は少ないだろう。やっぱり植物を知るには、自らの身体で実物に触れた方がいいのかなと思う。

そんなことを考えながら撮影をしていたら、実を採ったあとに残るがくが、星型をしていることに気が付いた。自分で観察や撮影をすると、見ようと思っていたもの以外の発見をすることがしばしばある。本を読んだりインターネットを見たりするだけでなく、自ら観察することで得られることは多い。

（右上・左上）11月2日／オオカメノキの冬芽
（右下）11月8日／ハキダメギクのタネ　（左下）11月10日／ススキでつくったフクロウ

11月16日／ヒイラギの花

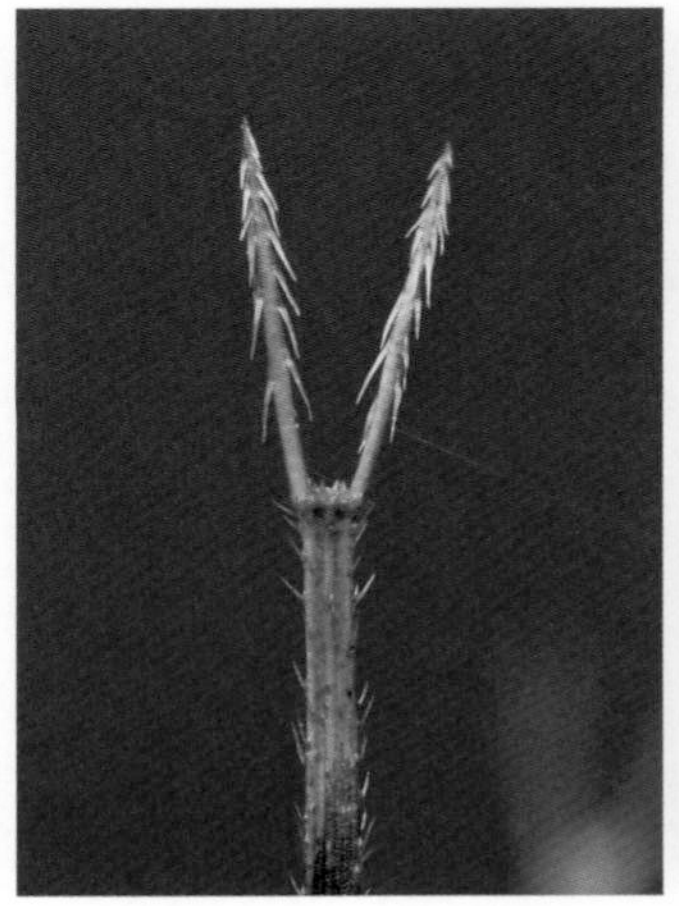

（上）11月18日／サツキの種子
（右下）11月19日／コセンダングサのタネ
（左下）11月19日／コセンダングサのタネの先端のトゲ

（上）11月22日／アオギリの開いた実と種子
（下）11月22日／アオギリの種子

11月24日／アオギリの冬芽

（右上）11月26日／クズの実　（左上）11月26日／クズのマメ
（右下）11月30日／キリの実　（左下）11月30日／キリの種子

12月1日(木)

ようちえんに向かう車内で、「今日はお休みするー」と娘がいってきた。どうしたのか聞くと、「具合が悪いー」とのこと。熱はないようだけど、そういわれればたしかに朝から元気がなかったように思う。うそをいう性格でもないので、娘の意見に従い、急きょお休みにすることにした。家に帰ってからはお絵描き、プラバン、アイロンビーズといった調子で、ひたすら創作を続け、夕方頃には鼻水を出し始めた。体調変化の予兆を自分で感じていて、あとから風邪が追い付いてきた。そんな感じだった。

そんなわけで、今日は一日娘と一緒に過ごしたのだけど、途中、ちょっとだけ新鮮な空気を吸うために外に出た。すると、庭の片隅に、オオイヌノフグリがこっそり咲いているのを見つけた。コバルトブルーの青い花びらが、空に向かって開いている。花の直径は1cm足らずの小さな花だが、その姿は華やかなので、1輪しか咲いていなくてもよく目立つ。他の場所を探すと、アカカタバミの花もあった。5枚の黄色い花びらが、やはり空を向いて開いている。花の中心にすこしだけ赤が混じるのがおしゃれだ。

これらは本当は春に咲く花だけど、ちょっと暖かい日があるとこうして晩秋でも咲くことがある。子どもも花も、どこで予兆を感じているのだろう。きっと僕にも、子どもの頃にはそうした目には見えない自然の変化を察知する能力があったのだろうと思う。そういう感覚は、僕からはもう失われてしまったものかもなぁ。

12月2日(金)

娘の風邪はたいして悪化せず、鼻水だけが出るという軽い症状。でもなんだか元気はないので、今日もようちえんをお休みにすることにした。千尋さんの仕事が忙しいタイミングだったので、今日も僕が娘と一日過ごすことに。

合間に図書館に行くと、セイヨウタンポポがたくさん咲いていた。ひとつの株の中で、花と綿毛の両方を付けているものがよくあった。黄色い花の上に、白い綿毛がのるような格好になっている。今は春なのか秋なのか。植物たちも迷っているのかもしれない。

12月3日(土)

今日は東京都薬用植物園で講演会と観察会。いただいたテーマは「まちの植物、冬はどうしてる?」だったので、冬芽の話を重点的に行うことにした。園内は秋と冬の変わり目。まだ葉っぱは残っているものの、冬芽の観察は十分にできるので、色々な冬芽を楽しんだ。

冬芽はやっぱりなんといっても、その見た目を楽しむことが一番だ。赤いおかっぱ頭のネジキの冬芽に、タケノコみたいなコクサギの冬芽など、面白いものや、きれいなものがたくさんあった。ネジキにコクサギ、この2種類にザイフリボクの冬芽をあわせると、「日本三大美芽」のラインナップがそろう。

植物の世界では、日本各地に「○○三大名花」のようなものがあるが、あれは一体どうやって決めているのだろうか。たとえば、沖縄の三大名花は、デイゴ、サンダンカ、オオゴチョウとされるが、じつはその3種はすべて外来種で、かつオオゴチョウはそんなによく出会う植物ではない。となると、どうしてもその3種じゃないといけない理由は、じつはないのかもしれない。であれば、こういうのも自分で好きなように決めてもいいのではないだろうか。今シーズンは、自分なりの「三大美芽」を考えてみようかなと思う。

12月4日(日)

すぐ治るかと思っていた娘の風邪が意外と長引いている。引き続き症状としては鼻水だけで、熱はない。でもどことなく元気がない。今日もゆっくり過ごすことにする。
今日はふたりで紙粘土遊び。僕がこの秋に各地で集めてきては放置していた木の実も使って、お城や森をつくることにした。なにか見本でもつくってあげようと思ったのだ

が、娘はすぐ、迷いのない手つきで紙粘土をいじり始めた。まず、四角い土台をつくり、その上に紙粘土を重ねて塔のようなものをつくっていく。そして、そのところどころに赤色や青色の木の実を付けていく。最後に塔の上にコナラのどんぐりを置いたら完成だ。他にもう一作品つくって、今日の紙粘土は終了。なかなか素敵な作品ができ上がった。

今日使った木の実は、青いサワフタギの実、赤いノイバラの実、オレンジ色のツルウメモドキのタネ、茶色いスギの球果、薄茶色のコナラのどんぐりなどだ。こうして触っていると、自然の中にはたくさんの色と形があることに改めて気付く。工作にはもってこいだ。

12月5日（月）

まだ鼻水は出ているが、だいぶ元気になった様子の娘。家の中でぴょんこぴょんこ飛び跳ねて、僕の体をよじ登ってくる。もうほとんど治ったようだ。良かった。

ちょっと安心したので、娘に付き合ってもらい、気になっていた植物を見に行った。

10月24日に花を咲かせていた寄生植物のアメリカネナシカズラが、今どうなっているのか気になっていたのだ。

目的の場所に着くと、開花期に見てもよくわからなかった植物が、さらによくわからない姿になっていた。ただ、花が咲いていた部分に、肌色の球体状のものが付いていて、おそらくこれが実なのであろうということはわかった。実を開けると、中から黄色いものが3~5個ほど出てくる。実の中から出てくるのだから、これが種子だろう。それはわかるのだけど、これが熟しているのかどうかが、全くもってわからない。なので、種子を数粒持ち帰り、育ててみることにした。ぬらしたキッチンペーパーを敷いたお皿の上に置いてみる。どうだろう。発芽するだろうか。

12月6日(火)

娘はほとんど復調しているが、体力が戻っていない様子。念のため今日までお休みにすることにした。わが家は夫婦ともに個人事業主なので、娘がようちえんを休むと生産活動が停止する。なんだか時が止まったかのような1週間弱だ。

近所を散歩するとオニグルミの木の葉っぱがすっかり落ちていた。その枝先を見ると、かわいい葉痕がたくさん付いていた。オニグルミの葉っぱの付け根はT字型をしているので、葉っぱが落ちた際に、枝側に残る葉っぱの痕もT字型になる。そして、葉っぱが落ちた痕に残る傷跡が、オニグルミの場合はアルパカの顔のように見える。あちこち向いたアルパカが、枝にたくさん付いている姿は、とてもユニークだ。この葉痕の上の方には、細長い三角形をした冬芽が付いている。樹木の枝に冬芽と葉痕を見る時、もう季節は冬になったんだなと、僕は実感する。

落葉樹は、冬に葉っぱを落とし、冬芽という形で寒い時期をやり過ごす。ということは、1年のうちで、3か月から4か月もの期間を休眠して過ごすということになる。そんな樹木の生き方はうらやましいような気もするし、もったいないような気もする。僕は1週間ほど休んだだけで、もう動き出したくなってきてしまった。

12月7日(水)

ようやく娘が登園を再開。この1週間ほとんど出歩かなかったので、娘をようちえんに送った足で、八ヶ岳山麓へ向かう。ちょっとの間歩かなかっただけで、身体がきしむような感じがする。今日はハードに歩くのはやめて、1時間のトレッキングコースを選択。川沿いをゆっくり歩く。吹く風が冷たい。八ヶ岳の麓はもうすっかり冬だ。

途中、山の伏流水が岩にあたる場所があり、そこに落ちたイタヤカエデの葉っぱが、水とともに凍っていた。その写真を撮っていたら、近くに、氷の粒の中に入っているコケも見つけた。コケがそのまま冷凍保存されているような姿で、光を受けて輝いている。とても美しい。氷漬けになっても生きているのだからすごい。知人に聞くと、このコケはギボウシゴケ科ではないかとのこと。図鑑で調べると、なんだか似たようなものが載っているが、いまいち確信が持てない。コケの同定は難しい。いずれにしても、いいものを見た。美しいものを見ると、心の中に新鮮な空気が吹き込んできたような気分になる。頭も身体もリフレッシュして、元気が湧いてくる。よく歩いたので、背中がよく動くようになった気がする。

12月8日（木）

朝起きると調子が良い。昨日歩いたからだろうか。気分が良いので、床に敷いていた布団をジャンプして飛び越えると、頭上の鴨居に頭頂部を強打してしまう。大きなたんこぶができて意気消沈。テンションが上がらぬままに、娘をようちえんに送ることになった。上がったり下がったり、気分ってものは本当に忙しい。

今日もすこしだけ天女山を歩くことにする。昨日から探しているものがあり、それを目当てにキョロキョロしつつ歩くのだが、なかなか見つからない。およそ150mほど登り、八ヶ岳を展望できる場所に到着した。景色

はいいが、お目当てのものは結局見つからなかったので、尾根道を歩いて帰る。その途中で、リスが食べた松ぼっくりを発見する。

リスは、松ぼっくりのひだの部分をかじり、その中にある種子を食べる。すると、松ぼっくりの芯のまわりに、リスのかじり痕が残る。その姿が、エビフライのようになる。久しぶりに良い状態の「森のエビフライ」を見つけたことが嬉しくて、5つ拾って持ち帰った。それにしても、うまいこと食べるものだ。リスは満腹になっただろうか。夢中になって写真を撮っていたら、今朝頭を強打したことはすっかり忘れていた。

12月9日（金）

朝、家を出ると「クローバーが凍ってるー！」と娘がいう。見ると、シロツメクサの葉っぱに霜が降りていた。写真を撮りたかったが、もうようちえんに遅刻しそうだったので車にのり込む。

娘を送ったあと、まだ日陰になっている道路沿いを歩いてみると、スイバに霜が降りていた。大きな楕円形の葉っぱが地際に数枚生えていて、その表面に細かい点のような霜がたくさん付いている。そして、そのそばでは、カナムグラの枯葉も霜をまとっていた。茶色くなった葉っぱの葉脈に沿うように霜が付いていて、夏の葉っぱとはまるで違う表情になっている。

今年は、秋と冬の境目をずっと探していたのだけど、もうこれで冬の到来を認めてもいいだろう。そういう気持ちになった。今日から、冬だ。

12月10日(土)

娘のお友達のE君に誘われて、家族でE君の家にお出かけ。秋にみんなで収穫した新米で餅つきをする。僕は餅つきをはじめからちゃんとしたことがなかったので率先して参加。ぺったんぺったんつくよりも、はじめにき<ruby>ね</ruby>でもち米を押しつぶしてこねる作業の方が大事だと知る。餅つきは、こねが7割、つきが3割だそうだ。

山梨での暮らしにも随分慣れてきて、知り合いが増えてきた。はじめはぎこちない関係も、何度も会えば自然と打ち解けてくる。関係性というのは、実際に会った回数でも決まるのかなと思う。

そういえば今朝も、家の庭のシロツメクサには霜が降りていた。娘が昨日見つけたのと同じ場所のものだ。白くなった3枚の葉っぱが上向きに閉じていて、寒さに耐えているような様子が印象的だった。こんなに寒い環境で生きていけるのだろうかと心配になるが、僕は冬越しをしたシロツメクサをこれまでに何度も見たことがある。だから僕は、シロツメクサを信じることができる。きっとこのシロツメクサも冬を越せるだろう。

こうした植物に対する確信、あるいは対象を信じることにも、僕自身が実際に観察をした回数がものをいう。やっぱり、関係性は回数だ。

12月11日(日)

昨日餅つきをしてよく身体を動かしたからか、調子が良い。原稿を書くよりも撮影に行きたくなったので、近所の雑木林を歩くことにした。

もうすっかり葉っぱを落とした樹木が多い中、コナラやクヌギはまだ枯葉を枝先にたくさん付けている。一昨日、冬の到来を認めたのに、まだ葉っぱが残っていたら困るじゃないか……といえばそうでもない。コナラやクヌギは、冬でも枯葉を枝に付けていることがよくあるからだ。なので、この時期に野山を歩いていて、まだ落葉しきっていない樹木を見つけたら、まずコナラかクヌギを疑ってみるといい。近寄ってみると、結構な確率でこれが当たる。これも、僕がこの季節に何度も山を歩いているから体感として知っていることだ。

12月12日（月）

娘のお友達のCちゃん親子と一緒にランチに行く。カフェの中にはうさぎが、外にはヤギがいるところだったので、ご飯をゆっくり食べたあとに、動物と触れ合って遊ぶことができた。なぜだろう。それだけで夕方になってしまった。ランチのついでに動物と触れ合える。田舎って、いいなと思う。

カフェの近くに、ヤマコウバシの木があった。これも冬に枯葉が枝先に残る樹木だ。その様子から「落ちない木」として、この葉っぱを受験生のお守りとすることがあるらしい。人は面白いことを考える。

さて、コナラやクヌギ、ヤマコウバシはどうして冬に葉っぱを落とさないのだろうか。これらの木は、冬に葉っぱが枯れる以上は「落葉樹」というべきだろう。でも、その枯葉が冬でも枝先に付いているので、そこに「常緑樹」の性質も感じ取ることができる。このことについては、これらの樹木は、「常緑樹が落葉樹に変わる途中にある樹木」なのではないかとする説がある。

落葉樹は、冬に葉っぱを落として休眠状態に入る。もし冬にも葉っぱを付けていたら、葉っぱが凍ってしまったり、葉っぱから水分が出ていくことで乾燥に負けてしまったりする恐れがあるからだ。でも、冬でも暖かい地域であれば、その恐れは少ない。なので、そこでなら冬でも葉っぱを付けたままの常緑樹が生きていくことができる。この南方系の常緑樹が、なんらかの理由で冬の寒さが厳しい地域へきたのではないか。常緑の性質を持ったまま寒い冬の対策をするので、コナラやクヌギのように葉っぱが枯れるけど落ちきらないという、常緑と落葉の中間型ともいえる樹木が現れたのではないかというのだ。

この説でいけば、今この地域にあるコナラやクヌギは、これから先の未来では、冬にはすべての葉っぱが落葉する樹木に変わっていくのだろうか。ただ、もしそんなことが起こるとしても、それは僕の一生の間に起こるような話ではなく、人の時間感覚からすれば途方もなく先の話になるだろう。そんな未来のことを見届けることはできないし、そもそもこの解釈が正しいのかどうかさえ僕にはわからないけど、こういうことを考えることができる人間の想像力も、またすごいなと思う。

12月13日(火)

朝からしとしと雨。娘と一緒に登園すると、今年一番の冷え込みでかなり寒い。しかし、娘は暖かい服を着てくれない。しかも、カッパさえも着ない。車内でしばらく着るように説得するが、がんとして譲らない。これが今日の娘の選択か……と諦め、そのままようちえんに解き放つことにした。

ふと見ると、上半身がびしょぬれになっている年長さんがいた。「なんでぬれてるの……?」と聞くと、あずまやの雨どいの下で口を開け、落ちてくる雨を食べる様子を見せてくれた。あきれて笑ってしまう。子どもたちって、どうして寒くないのだろう。帰ってくると、シロツメクサも雨に打たれていた。葉っぱが水をよく弾くので、雨粒が数滴のっている。冷たいだろうなぁ。でも、大丈夫なんだよね。

近所を散歩していると、スギにもう雄花が付いているのを見つけた。そういえばスギ花粉って、いつから準備しているのだろうと思ったので、雄花を半分に切り分けてみる。すると、その中には花粉がぎっしり詰まっていることが一目瞭然になった。楕円形の雄花の断面に、花粉が集まった小さな球体状のものがいくつも入っている。スギは、春がやってくることを知っている。これだけ寒くても動じることはなく、着々と春の準備を整えているのだ。

僕は、寒い冬の真っただ中にいると、やがて春がくることなんてまるで想像がつかなくなってしまう。なので、寒さが心底身に染みてくる。でも、雨の中へっちゃらで遊んでいる子どもたちを見ていると、この子たちのうちには、もしかしたら暖かい春がいるのかもな。などと感じてしまう。つくづく、子どもというのは自然に似ているなと思う。

12月14日(水)

今日は朝から青空が見えて気持ちがいい。でも、ようちえんに着く頃には雪が降り出していた。娘と一緒に、「わーい!」と、園庭に駆け出すと、他の子どもたちはすでに楽しそうに雪に触れていた。ソリに雪をためる子、口を開けて雪を食べる子。遊び方はみんな様々。冬も楽しい季節だ。それにしても、12月中旬から雪に触ることができるなんて、僕の生活も随分大きく変わったものだなと思う。

帰ってくるとまた青空に。すこし暖かくなり、強い風が吹いてきた。変な天気だ。近所を歩くと、ノボロギクが花を咲かせていた。小さな筒状の黄色い花が3つほど開花している。季節柄、花茎は伸びていない。地面すれすれの開花だ。その隣には、ナズナも生えていた。これも草丈は低いものの、その先端には白い花が咲いている。晴れてすこし暖かくなると、不思議と花の存在が目に入るようになる。植物観察には、いつも自分の気持ちが反映される。

12月15日（木）

娘をようちえんに送り、そのまま清里へ行く。昨日の雪がきっと積もっているはずだと思ったからだ。

標高1200mあたりを越えてくると、思った通り、すこしだけ雪が積もっていた。道路の休憩所で停車して車を降りると、積もった雪からオランダミミナグサが枯れたまま立ち上がっているのがすぐに目に付いた。積もった白い雪のまばゆさと、空からの太陽の光。上下から照らされ、枯れてなお光り輝いている姿が美しい。このあたりには、他にも草がたくさん生えていたはずだ。草たちはすでに、その種子を落とし終えて、あとは枯れて土に還る時を待っている。きっとこの雪の下には、来年の春に芽吹く種子がたくさん隠されているのだろう。冬の下に、遠い春の気配を感じた。

12月16日(金)

観察会のため上京。1年続けてきた年間講座は、これで最終回となる。ラストのお楽しみは、やっぱり冬芽観察だ。樹木の冬越し対策をしっかり観察しておくと、春の植物の成長や動きの意味がよりよく見えるようになる。地味なようでいて、1年のうちでとても大切な観察だ。冬芽の基本的な話や、その見分け方などを3時間かけてゆっくり紹介していった。

今日の金曜コースで最後に見た冬芽はニセアカシアだ。葉っぱが取れた痕がゴリラの顔のように見える。そう僕は紹介したのだけど、みんなからは、悪魔みたいに見えるという声が続出した。そういわれればそうも見える。感想は、見る人の自由だ。このニセアカシアは、春の芽吹きの時に驚きの姿を見せる。それがどんな様子なのかは、春がきてからのお楽しみ。年間講座は今日でおしまいだけど、植物観察に終わりはない。

12月17日（土）

今日は年間講座の土曜コースの最終日。昨日と同じルートを、違うメンバーで歩く。すると、昨日は見つからなかったハキダメギクがあった。カメラを持っていなかったので、スマホで撮影。背丈の低い草は、スマホを逆さまにして地面に立てて撮れば、写真にそれなりの臨場感が生まれる。日常の楽しみとしては、スマホのカメラも十分に有用だ。

今日は、親指の先で隠せてしまえるほど小さいハキダメギクがあった。小さくてもしっかり花を咲かせていることに驚く。木は、ある程度、その体が大きくならないと花を咲かせないが、草は、小さくても花を咲かせることがある。これには、木は長命で、草は短命であることが理由として考えられる。植物が花を咲かせる際には、多くのエネルギーを使うという。なので、長生きする木であれば、自分の体に十分に栄養が蓄えられてから、花をつくるようにする。でも、1年で枯れてしまうほど寿命が短い草の場合、そんなに悠長なことはいっていられない。体に栄養が蓄えられていようがいまいが、冬にはどちらにしても枯れてしまうのだ。であれば、まだ体が小さくたって、花を咲かせて、実を付け、種子を残した方がいいだろう。こんなところに、草と木の生き方の違いが見えてくる。そんな話をすこしして、土曜コースは終了。

この話は金曜コースでは話すことができなかったけど、金曜コースでしか話していないこともあるので、結局どちらの方がいいということはないのだよな。と思う。一緒に観察するメンバーが変われば、出会う植物も変わる。あまり話題にならないことだけれど、これはじつは植物観察の大事なポイントだと思う。

12月18日(日)

今日は年間講座の2年目コースの最終日。去年の年間講座を卒業した人向けのコースだったので、参加者さん同士が随分と仲良くなっている。僕の説明がなくても、各々好きに植物を見ている。そんなシーンも増えてきた。それを僕はとても嬉しく感じる。

このコースのメンバーであれば、ちょっと難しい話をしても伝わるかもしれないと思い、今日はハクモクレンの冬芽の観察をした。枝の先端に付いている枯葉を取ると、冬芽を覆っていたうろこ状のキャップのようなものも一緒にぽろっと取れる。これを見せながら、「ハクモクレンの鱗芽(りんが)の芽鱗(がりん)は、葉身に付属する托葉(たくよう)が変化してできている」という話をした。実際にはもうすこし丁寧に順を追って話をしたけれど、どうやらみんな、この話を理解できたようだ。2年前は植物初心者だった人たちが、この話を理解できるようになったというのは本当にすごいことだ。そして、2年もの時間をかけないと伝えられないことがある。ということも、植物の世界の奥深さを表しているなと思う。来年も継続したいという人が多くいたので、3年目コースを計画することに決めた。来年は、さらに色々な話ができそうだ。

12月19日(月)

せっかくの上京の機会なので、午前と午後に一件ずつ打合せを入れた。どちらも本の企画相談だ。編集者さんと本の話をしていると、途中から人生相談をしているような気持ちになる時がある。本を書くことは、世の中に自分の内面を開示することに近い。もちろん、すべてを見せるわけではないけれど、自分の考え方や価値観が、そこには必ず表れてくるからだ。そして、そうした自分の考え方や価値観は、本当は時とともに変わっていくものなのだけど、本という形になると、その中にはそれを書いた時の自分の一部が保存されることになる。なので、読者さんは、「今」の僕の考えではなくて、その本が出た当時の僕の考えに触れることになる。自分にとっては、それはつまり、過去の自分がいつまでも誰かになにかをささやき続けているということになる。そうしたものの取り扱い方を考える時、自然と考えは自分自身の悩みや将来の展望などのことに行き当たる。そんなわけで、今日もたくさん本の話をした。

打合せの合間に公園に立ち寄ると、ヤツデが花を咲かせていた。ヤツデは、天狗のうちわのような形をした20～30㎝ほどの大きな葉っぱが特徴的なので、花が咲いていない時でも、わりと容易に見つけることができる。春から秋にかけて花を咲かせる植物が多い中で、ヤツデは冬にピンポン玉のような花を咲かせる。今日はちょうど花盛りで、葉っぱの上に伸びた白い軸に、白い球体状の花がたくさん咲いていた。近づいてみると、ヤツデは小さな花がたくさん集まって、球体のような形になっていることがわかる。さらに近づいて、ひとつの花をよく見れば、雄しべと雌しべが付く「花床（かしょう）」と呼ばれる部分に水滴のようなものが付いていることがわかる。蜜だ。

これを見て、「光っていて、とてもきれいだ」と思うだけでも、これは立派な植物観察になる。だけど、最近の僕の観察会では、これを見たあとに、どうして蜜がここから出るのかを考え、じつはヤツデの花は「雌雄異熟（しゆういじゅく）」といって、ひとつの花の中に雄しべと雌しべがあり、熟すタイミングが異なるのだ、という話に展開していくようになった。はたしてこれがいいのかどうか。最近すこし悩んでいる。というのも、こうした知識を得る前とあとでは、もしかしたらヤツデの花の蜜の見え方が変わってしまうかもしれないと思うからだ。花の働きを客観的に、つまり科学的に捉えようとする場合、「花の蜜」が人にとってきれいかどうかを考える必要はない。ヤツデは人のために花を咲かせているわけではないからだ。でも僕は、この花の蜜をとても美しく感じる。ここには理由はいらない。僕が美しいと思うから、美しいのだ。科学的な見方もするし、主観的な捉え方もする。そのバランスをうまく保っていくこと。それは今の僕にとって、大きな関心事だ。

12月20日(火)

昨晩、山梨に帰ってきた時にはあまり気付いていなかったが、今朝起きて、その寒さにびっくりした。なんとマイナス6℃。最高気温も6℃までしか上がらないという。身体にこたえる寒さではあるが、朝早く起きた千尋さんが「山がきれいだったよ」と教えてくれたので、僕も外に出てみる。すると、庭のすぐそこで、アメリカフウロに霜が降りている様子を見ることができた。葉っぱの縁と葉脈に沿って、粉を吹いたような霜が覆っている。とてもきれいだけど、ちょうどそこに日が差してきたので、これはあと数分で溶けてなくなってしまうだろう。ここ一瞬だけの美しさが、冬にはある。寒さが、それを連れてくる。

12月21日(水)

今朝も近所で霜が降りた植物を探す。畑のまわりを歩いていると、霜をまとったツユクサがあった。もうすっかり枯れ姿になっていて、何本も地面に横たわっている。植物としてはもう命を終えているが、冬がまだツユクサを輝かせていた。これが夏に青い花を咲かせていたなんて、もうまるで別の世界の話のようだ。

12月22日(木)

ようちえんが休園になり、今日から娘は冬休み。だからというわけでもないが、今日は家族3人みんなで寝坊してしまった。朝から雨が降っていて寒いので、今日はずっとリビングで過ごす。千尋さんがご飯をつくり、僕は洗濯や洗い物をし、みんなで遊んだり、隙を見て仕事したりといった調子で、暮らしと仕事と子育てがごちゃ混ぜになっているのが今のわが家だ。どこにも区切りがなくて、全部一緒くた。僕にとっては、これがわりと心地良い。

雨の日の植物を撮りたくて、庭に出る。おそらく今シーズン最後の出会いとなるであろうヒメジョオンの花が、くたびれてうつむいていた。枯れかけて青くなった花びらがウエーブしている様子が美しい。もうこのまま、寒さで枯れてしまうだろう。生活も植物も、身近なところに味わうべきものがある。

12月23日(金)

今朝の気温はマイナス4℃。寒くてたまらないが、日の出とともに外に出る。昨日雨がたくさん降ったので、今日はたくさんの霜が見られるのではないかと思ったのだ。今日の日の出時刻は6時53分だが、家のまわりには山があるので、それから大体40分ほど遅れて、山から太陽が昇ってくる。日が差すと一気に霜が溶けるので、朝の観察はこの40分間が勝負だ。

急いで近所を歩き回るが、植物たちはまるで霜をまとっていなかった。これだけ寒いのに、なぜだろう。ただ、その代わりに、オニノゲシのトゲだらけの葉っぱの上に氷の粒がのっていた。おそらく、昨日降った雨が、葉っぱの上でそのまま凍ったのだろう。すさまじい寒さだ。

あたりが明るくなってきて、ふと顔を上げると、枯れかけのセイタカアワダチソウに朝日があたり、まるで晩秋の夕方のような景色が広がっていた。昨日が冬至だったので、今日からは太陽が出る時間が増える。でも冬の寒さはこれからが本番だ。足元には氷の粒。目の前には晩秋の景色。僕の中に、秋と冬、そしてきたるべき春が共存した不思議な朝だった。

12月24日(土)

夏からずっとやろうと思いつつ避けていた撮影を行う決心をする。ヒマワリのタネを一つひとつ取り、それを並べて撮影するのだ。

ヒマワリは、小さな花が寄り集まることで、大きな丸をつくっている。なので、その花のそれぞれがそのままタネへと姿を変えていく。それを写真で表現するなら、採取したタネを、また円形に並べ直し、タネ一つひとつの姿がわかるようにして撮り直すといいのではないかと考えたのだ。タネを取っては並べていくという作業をひたすら続け、2時間かけてようやく完了。こんなこと、僕以外の誰も知らないだろうけど、植物は数えるよりも、並べる方が大変だ。中心から放射状に並べたタネは、もともとの姿の倍くらいの面積になった。ふうっと一息ついてから数えると、なんと766個もあった。
気持ちを落ち着けてから写真を撮る。こんなに大量のタネが、ひとつの場所にきれいに並んで収まっていることを思うと、植物が持つ秩序には本当に驚かされる。午前中ずっとヒマワリのタネを見ていたら、もうその造形から美しさしか感じなくなってきた。植物は、見ていれば見ているだけ美しくなる。

12月25日(日)

娘が起きる前にそっと外に出る。今日はクリスマス。サンタさんからのプレゼントが家には届いている。それを見つける娘の様子が見たいので、その前には家に戻るつもりだ。

今日も近所を歩き回り、霜が降りた植物を探す。なかなかいい被写体が見つからなかったが、日の光が出てきた頃に、きれいに霜が降りたヤエムグラを見つけることができた。先が尖った細かい葉っぱに光があたり、地面が輝いて見える。とても美しい景色だった。今日はこれが見られたので満足だ。植物を観察していると、そう思う日がよくある。


家に帰ると、「サンタさんきたかなぁ。楽しみなんだけど～」と、ささやきながら娘が起きてきた。なぜか音を立てないように、そろりそろりと歩いて、寝室からリビングに入ってくる。昨日、カーテンレールにぶら下げておいた靴下の中には、お願いしていたオルゴールが入っていて、「え～。すごーい」と娘は静かに喜んでいた。サンタクロースは、それを信じる人の世界には間違いなく存在する。もしかしたら、植物の美しさも同じかもしれないなと思う。僕は、足元には必ず美しいものがあると信じている。だから、僕のもとには毎朝それが届く。

夕方、クリスマスパーティーのため上京。親戚一同で実家に集まり楽しく過ごし、娘のいとこの家にお泊りした。

12月26日(月)

昨日から、大好きないとこのFちゃんと一緒に過ごせてご機嫌な娘。せっかく東京にいるので、みんなで多摩六都科学館へプラネタリウムを見に行くことにした。きれいな施設に、自然関係の展示が豊富な科学館で、僕もすごく勉強になった。

今年の春にはじまった田舎暮らしに、僕にはなんの不満もないのだけれど、こういう時に、娘にとっては田舎と都会のどちらで過ごすのがいいのだろうか、と悩みが生じる。なにかを知りたいと思った時に、それを学びに行ける施設が豊富にある都会は、教育環境としては魅力的だ。ここなら、娘が求めてきた時に、その可能性を伸ばせるような機会をすぐにつくることができるだろうな、などとつい考えてしまう。

プラネタリウムからの帰り道、コンビニの裏にカンツバキの花びらがたくさん落ちていたので、僕はそれを拾い集めて針で赤い糸を通し、首飾りをつくった。でも、今日の娘はこれでは喜ばないだろうなと思う。田舎と都会では、目に映る景色が異なる。野山に落ちている花びらと、コンビニの裏に落ちている花びらとでは、その見え方は大きく変わるだろう。いる場所によって、子どもの遊び方だって変わるのだ。事実、先ほどから娘はずっと、外ではなくて、室内で遊びたがっている。たくさん遊んでから、山梨の家に帰宅。もうすっかり夜になっていて、黒い空にたくさんの星が輝いていた。ここではプラネタリムで知識を得ることはできないけれど、それなら僕たち親が、娘と一緒に星を楽しめばいい。今日はひとまず、星座板を見ながら冬の大三角を探してみた。シリウス、プロキオン、ベテルギウス。たぶん、あれだな。

12月27日(火)

年末の駆け込み依頼が多く、僕の中で仕事が大渋滞している。千尋さんに家のことをすべてお願いし、全力で仕事に取り組む。パソコンに向かっていると、途中で娘がアサガオの種子を渡しにきたり、千尋さんが捕まえたカマキリを机に置いていったりする。仕事に追われ、大変な気持ちになっていたが、こんな感じで家族がリラックスさせてくれたおかげで、今日は楽しく仕事ができた。

途中で、そういえば……、と思い出し、夏に育てていたオジギソウの実の写真を撮りに庭に出る。オジギソウはマメ科なので、実はいわゆるマメのさやの形をしている。でも、その縁がトゲトゲしていることが、他のマメ科の植物とは異なっている。今日見たら、このさやからマメ（種子）がもうすでに落ち始めていた。マメが落ちたあとには、トゲトゲのさやの枠だけが残る格好になっていて、これまた他のマメ科では見られない造形になっていた。面白いので、何枚も写真を撮った。

続いて、そういえばあれもだ……。とアメリカネナシカズラを見に行く。12月5日に、種まきをしたその後の写真を撮っていなかったのだ。見ると、種子がふやけて元気のない様子になっていた。じつはすこし前に、種子から根っこが出てきていたことは確認していたのだけど、もうすっかり枯れてしまったようだ。たぶん、寒すぎたのだろう。がっかり。アメリカネナシカズラの正体を確かめるのは、また来年の宿題になってしまった。

12月28日（水）

早朝、起きて外に出るとなんだか暖かく感じる。でも、気温を調べるとマイナス1℃だった。冬になってから朝の散歩を続けていたら、これくらいの寒さは平気になっていたようだ。人間も、外の環境とつながっていれば、それに適応する力を持っているらしい。

植物はどうかなと、今日も霜の降りた植物を探す。今日はどうやらよく植物に霜が降りる日だったようで、足元の植物の多くが白くなっていた。その中で、オオイヌノフグリが青い花を付けたまま、霜をまとっているのを発見した。緑色のがく、青い花びら、白い霜と、色の組み合わせが鮮やかで、しばし見とれてしまう。それにしても、こんなに寒く、霜まで付けた状態で、よく咲いていられるなと驚嘆。この先、さらに寒さが厳しくなると、オオイヌノフグリでさえ咲かなくなる。となると、霜が降りた花を撮影するチャンスはもう限られている。

冬も、着々とそのステージを変えていく。ちょっと油断すると、季節は進んでしまう。僕にはもう冬の終わりが見えてきた。ちょっと焦るな。

12月29日（木）

朝起きると、千尋さんと娘が、花が閉じ込められた氷を持っていた。早く咲いてしまった庭の菜花をカップに入れ、そこに水を入れたものを昨晩から外に置いておいたらしい。氷点下になるほど寒い屋外に水を一晩置いておくと、水はその姿を変え、氷になる。黄色い花と緑の葉っぱが一緒に凍っていて、とってもきれいな見た目の実験になっていた。

これだけ寒いのだから、渓谷も凍っているかもしれないと思い、娘を誘って清里の吐竜の滝に行くことにした。滝に行く途中の林道で、雪の上に付いた動物の足跡を発見。なんだろう。リスかな？　と、僕がしゃがみ込んで考えていると、娘がその隣に指でハートを描いた。「なにしてるの？」と聞くと、「キツネの足跡」だという。随分かわいい足跡だ。霜柱を踏みながら先へ進むと、今度は娘がしゃがみ込む。手で地面をごそごそして、なにかを取り上げる。見るとその手には、ハート型にちぎれた落ち葉が閉じ込められた氷があった。

滝に着くと、その水しぶきによって、あちこちにつららができていたので、さっそく触ってみる。娘にとっては、これは生まれてはじめてのつららだ。たった半年前までは、一緒に山歩きなんて到底できなかったのに、今やこうして遊びながら楽々と滝を目指せるようになった。子どもの成長の早さに驚くとともに、その変化の様子を間近で見ていられることへの喜びを感じる。

12月30日（金）

今朝はマイナス2℃。これくらい冷え込めば、と期待して外に出るが、植物には全く霜が降りていなかった。霜が降りる要因は、単純に気温だけではなく、早朝の天気や風の強さ、湿度も関係してくるのだろう。見たいものが、いつでも見られるわけではない、ということが、自然観察の難しいところであり、面白いところだ。

年明け前ギリギリのタイミングになってしまったけど、松を玄関に飾る。あるものでつくろうと思い、ちょうどいい松の枝にツルウメモドキのオレンジ色のタネがたくさん付いたつるを一緒に添えてみた。なかなかいいできなのではないだろうか。

昨日、ある仕事で、「アカマツとクロマツは、芽の様子で簡単に見分けられる」という情報を得た。さっそく玄関に飾った松の芽を見てみると、芽全体がシルバーヘアーで覆われていて、すっきりと整っている印象を受けた。これはクロマツの特徴だ。それではアカマツの芽はどうだろうと、ご近所さんの門松を見させてもらう。すると、ぼさぼさの赤毛の芽があった。たしかに、クロマツとはまるで雰囲気が違う。植物観察では、この2種は「葉の硬さ」で見分けるのが定番だ。ちょっと触っただけで痛ければクロマツ。柔らかくて痛くなければアカマツなのだけど、中には硬いのか柔らかいのかよくわからない葉っぱもある。そんな時に、松の芽の特徴も知っていれば、より確実にこの2種を見分けられるようになるだろう。植物を見分ける際は、ひとつのヒントだけでなく、複数のヒントを総合して考える方がより確実な答えが得られる。僕はこれまで、観察会ではアカマツとクロマツの葉っぱの硬さの話ばかりしていたので、これからは、芽の雰囲気も紹介するようにしようと思う。

12月31日(土)

日の出とともに起きる。そう書くと、さも早起きに感じるが、時刻にして6時55分だ。そこまで早いわけではない。

今朝はマイナス4℃。しっかり冷え込んだので期待して外に出るも、植物たちは霜をかぶっていなかった。どうしてなのだろう。でもせっかくなので、そのまま近所で早朝の散歩を続ける。すると、その途中でアオキとユズリハの葉っぱが寒さでぐったりしているのを見つけた。葉っぱが葉裏の方に巻くような格好になっていて、どれも下向きにうなだれている。その近くでは、スイカズラの葉っぱも同じように葉っぱを外側に丸めていた。僕たち人間も、寒い日には身体をぐっと縮めて耐え忍ぶけど、これらの植物も同じように葉っぱを丸めて寒さに耐えているのだろうか。

気温が上がった午後にもう一度見に行くと、アオキもユズリハも葉っぱをピンと伸ばしていつもの姿になっていた。やはり、早朝の姿は、寒さへの対応だったようだ。一方、そうかと思えば、スイカズラだけは午後になって日があたっても、葉っぱを丸めたままだった。ちゃんと近づいて観察すると、葉っぱが筒状になるほどに強く巻かれている。

スイカズラの別名は「忍冬（にんどう）」という。その漢字が示す通り、冬を忍ぶという意味だ。昔の人も、スイカズラのこの姿を見て寒そうだと感じたのかもしれない。植物たちの寒さの耐え方も、種類によって様々だ。

これが僕の、今年最後の植物観察になった。大みそかだからといって、なんら特別なことはない。

12月2日／花と綿毛を付けたセイヨウタンポポ

（上）12月5日／アメリカネナシカズラの実
（右下）12月6日／オニグルミの冬芽　（左下）12月7日／氷の中のコケ

12月9日／霜をまとうカナムグラの枯葉

（右上）12月13日／スギの雄花　（左上）12月14日／ナズナ
（右下）12月19日／ヤツデ　（左下）12月19日／ヤツデの花

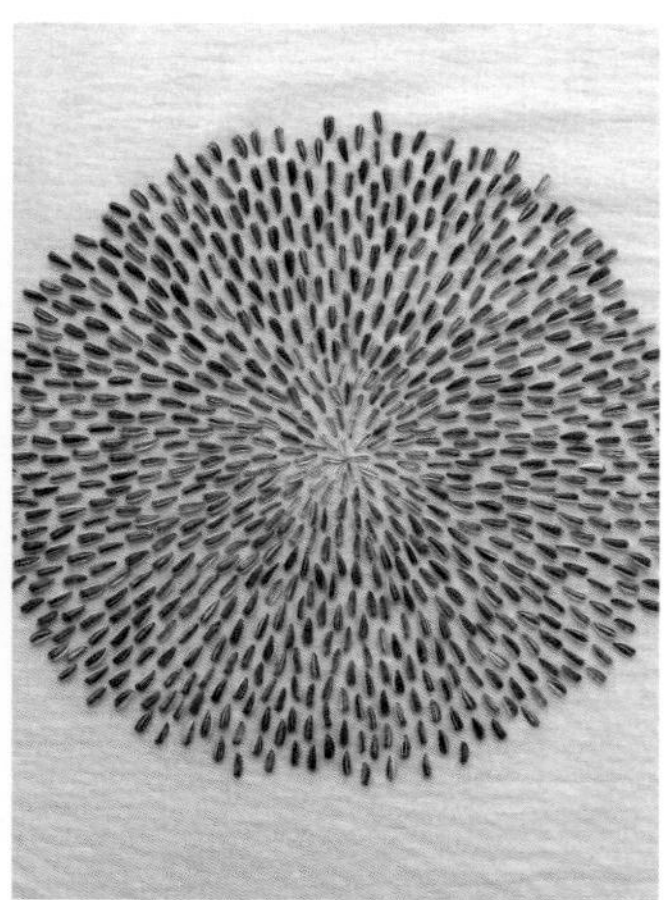

（右上）12月24日／ヒマワリのタネ　（左上）12月27日／オジギソウの実
（下）12月28日／霜をまとうオオイヌノフグリ

1月1日(日)

日の出の時刻に外に出る。早朝の散歩もすっかりルーティン化してきたので、正月も僕の行動は変わらない。昨日とは違い、今日は植物たちによく霜が降りていた。気温は昨日と同じマイナス4℃で、風、湿度も同じように感じるのだけど、昨日と今日はやはり違うようだ。

今日も近所を歩き回っていると、ちょっとした空き地になっている場所でセイヨウタンポポの綿毛に霜が降りているのを見つけた。細かい毛でできている綿毛にまで霜が付いていることに驚いた。もっとよく見ようと思って近づくと、綿毛の霜はすぐに消えてしまった。おそらく、僕の体温か、吐く息によって溶けてしまったのだろう。近づくと、見えなくなってしまう。冬の美しさは、とにかく繊細だ。

1月2日(月)

千尋さんの実家に、年始のご挨拶のため出かける。その出発前に朝の散歩をしておくことにした。

家の近くの田んぼの水路沿いで、ノボロギクにびっしり霜が付いているのを見つけた。綿毛がすでに飛びきったあとに残る総苞片(そうほうへん)に、肉眼でも結晶が見えるほど大きな霜が付いている。黄色い花は枯れたが、もう一度、白い花が咲いたかのような姿だ。美しい。とはいえ、これは日があたれば溶けてしまう、はかない花なのだけど。

お昼には千尋さんの実家に着き、お節料理を食べながら、親戚と過ごす。大人たちに混ざって、ひとりだけ子どもで参加している娘はずっと主人公。みんなに注目してもらえて楽しそうだった。夜はそのままお泊り。

1月3日(火)

千尋さんの実家でゆっくりと過ごさせてもらう。のんびりとした、正月らしい一日だった。

夕方、山梨に帰ってきて、山並みの写真を撮る。家の近くには小さな山がたくさんあるので、道路からその山容が見える。何キロも離れた山ではなく、数百メートル離れた場所にある小山なので、その尾根筋にある木々の姿まで確認することができる。去年の11月28日に、同じように山並みを見ていた時、ここの木々の葉っぱはまだすこし残っている状況だった。時が経ち、今はもうすっかり葉っぱを落としている。山の稜線に生える落葉樹が葉っぱを落とすと、山の見え方が変わる。葉っぱが落ちた分だけ、山がすこし低くなるのだ。冬のこの景色は、僕の好きなもののひとつだ。

1月4日(水)

家族で近くの神社に初詣に向かう。新しい年の挨拶をして、寒いので早々に帰宅。

家に帰ってきて、ヒヤシンスの写真を撮る。去年の12月21日に、水を入れたガラス瓶に球根をのっけて水耕栽培をはじめてから、順調に成長している。ガラス瓶は透明なので、球根の下に白い根っこがたくさん出ている様子がよく見える。もうすでに球根の高さと同じくらいの長さに根っこが成長している。でも、球根の上からはまだわずかしか葉っぱが伸びてきていない。これを見ると、植物は地上部よりも先に地下の根っこを伸ばしていることがよくわかる。植物も、見えない部分が大切なのだ。

1月5日(木)

近くの山でシモバシラの「氷の華」が見られるという情報を得たので、まだ暗いうちに家を出る。誰もいない山道をひとりで歩いていると、次第にあたりが明るくなってきて、鳥の声が聞こえてくる。「ギャーンギャーン」と鳴く声はきっとオナガで、「ニーニー」はヤマガラだろう。顔にあたる風は冷たく、いい気分で登っていると、近くを鹿が駆けていった。このあたりは最近、ヤマビルが出るようになったという。きっとあの鹿たちが運んだのだろう。生態系のことを考えると、増える一方の鹿の存在を喜ぶことはできないが、山の中で見る鹿の姿は格好がよく、惚れ惚れしてしまう。山で野生動物に会うといつも急に心細くなるので、鼻歌を歌いながら登っていく。

標高差500mほど登ると、落ち葉の中に綿菓子のようなものがあるのに気が付いた。白くて、光を受けて輝いている。きっとあれだ。と思って近づくと、やっぱり今日のお目当て、シモバシラの氷の華だった。

シモバシラは晩夏から秋にかけて、金平糖のような大きさと形をした白い花を穂状に付ける植物だ。花を付けた姿も美しいが、冬になると、その茎に氷をまとうことでよく知られている。シモバシラが氷の華を付けることに、おそらく理由はないのだが、その仕組みを説明するとこんな感じだ。シモバシラは冬になると地上部を枯らす。しかし、地下部の根っこはまだ生きていて水分を吸い上げていく。でも地上部の茎はすでに枯れているため、その水分は外に漏れ出てしまう。その際の気温が氷点下以下であれば、茎から漏れ出た水分が凍り、白い飴細工のような氷の華ができ上がる。

とても美しい現象なので、シモバシラを見ることは毎冬の僕の楽しみのひとつだ。今日の氷の華は、大きいものでも高さ3cm、幅5cm程度だったので、氷の出方としては、やや控えめだった。条件がいい日には、高さ10cmのものや、幅10cmのものなど、大きく見ごたえがあるものが出るので、また今度探しにこよう。新年の良い登り始めになった。

1月6日（金）

父から、虫食いの栗の木を切ると連絡が入ったので手伝いに行く。千尋さんと娘も一緒にきてくれたので、新年の挨拶も一緒にすることにする。

果樹園に着くなり、さっそく栗の木を切っていく。栗は、鉄道の枕木にも利用されるほど堅い。そう学生の時に習った。こうして実際に1本の木をのこぎりで切り倒してみると、たしかに堅いことが実感できる。なかなか骨が折れる作業だったが、これで僕は栗の木は堅いということを自信を持っていえるようになった。嬉しい。

研究者ではない自分が、本を書いたりガイドしたりする際に設けているルールがひとつだけある。それは、自分で見たもの、体験したことだけを紹介することだ。科学的な正しさを判断する能力に劣っても、自分の身体で感じたことには自信がある。なので、こういう体験は自分にとってはとても大切だ。

枝を切っていると、皮目の模様が気になってきた。皮目とは、枝や幹にできる裂け目のことで、これを通して木は呼吸するという。なにが気になったかというと、この皮目は、どうやら枝の年齢によって形が異なるようなのだ。1年枝（ねんし）（できて1年目の枝）の皮目は、小さな白い点々がかすかに見える程度なのに、2年枝（できて2年目の枝。以下同様）の皮目は、その点が一回り大きくなり、点というよりも、丸といった方がいい形になる。それが、3年枝になると、ダイヤ型になっていき、それ以降は、そのダイヤの形がだんだん大きくなっていく。年を重ねるほどに、皮目は大きく目立つようになるので、3年枝以降は、そのダイヤ型が枝の模様としてよく見えるようになる。それを見ているうちに、自分の好みがわかってきた。僕は5年枝の皮目が好みなようだ。

自分で見たものだけを紹介するというルールで観察していると、このような自分だけの楽しみ方も見つかる。

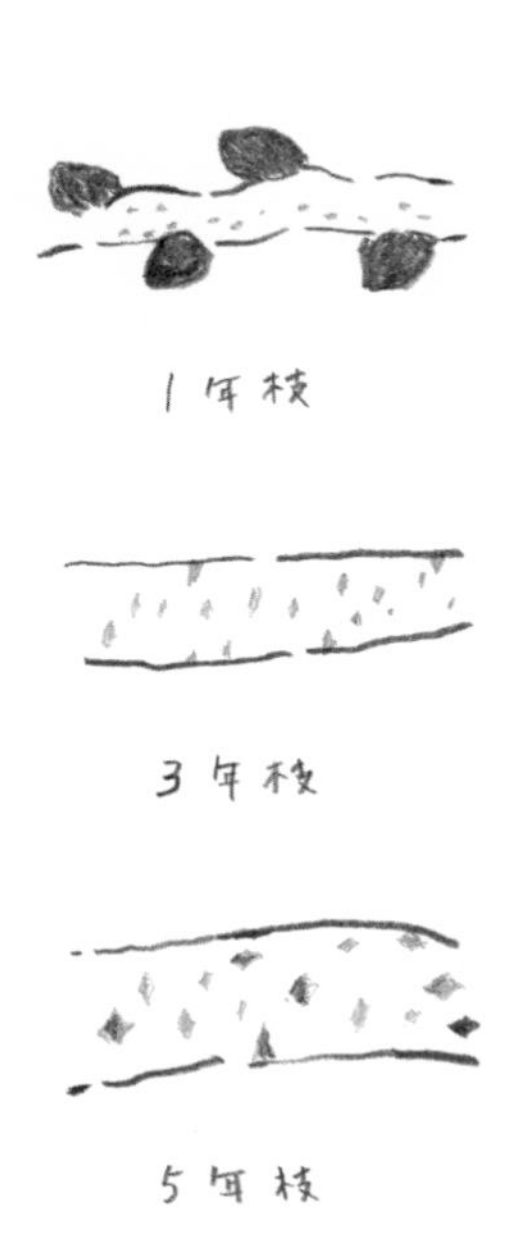

1月7日(土)

一昨日見に行ったシモバシラの氷の華が小さかったのは、朝の気温が高かったことが原因なのではないだろうかと思っていた。天気予報とにらめっこしていると、この数日で一番最低気温が低いのが今日だということがわかったので、もう一度同じ山に登ってみることにする。

早朝、外に出ると足元の草に霜が降りていた。これは期待できるぞ、と足取り軽く登っていくが、今日もシモバシラの氷の華は小さかった。どうしてだろう。さすがに日が昇る前の時間に標高差500mを登るのは大変なので、今季のシモバシラ探しはこれをラストにしようと思っていた。また日を改めてこないといけないではないか……と落ち込んで下山する。

下山途中にすこしルートを外れると、そこにもシモバシラがあった。だが、すこし様子が変だ。いつもはつくり途中の飴細工のような、滑らかな見た目なのに、ここにあるものは形が崩れていて、表面がザラザラしている。なんというか、一度できたシモバシラが、すこしだけ溶けて形を崩し、そのままもう一度凍ったような見た目になっていたのだ。はっと気づいて地面を触ると、地面そのものがカチカチに凍っていた。なるほど。今はそもそも地面が凍っているので、シモバシラは地中から水分を吸い上げることができないのだ。それなら今季はもう、これ以上大きな氷の華を期待することは無理な話だ。来年は地中が凍る前の12月中旬を目指してまたきてみよう。理由がわかれば気分はスッキリ。晴れ晴れした気持ちで下山した。

1月8日(日)

娘と川俣川に遊びに行く。なるべく自然と触れ合ってほしいから。というのは建前で、なによりも僕自身が冬の渓谷を見に行きたいから。というのが本音だ。なんにせよ、娘が楽しそうに付き合ってくれるのがありがたい。

登山口から30分ほど歩いて、目的の川に到着。流れの一部が凍っていて、とてもきれいだ。僕は喜び写真を撮る。娘は、川から流れてくる氷のかたまりをつかまえて、「ほうせきー」といって愛でたり、尾ひれのような葉っぱが付いた氷を「きんぎょー」

といって拾ったりしている。川の近くでサワグルミの冬芽を見つけた。茶色い毛に覆われた冬芽が上に伸び、その下にある葉痕がにっこりと笑っている。かわいい！と僕が夢中で写真を撮っていると、娘がやってきて「うさぎみたいー」という。僕と娘では、自然の楽しみ方が全く違うけど、いつもなんとなく一緒に楽しむことができる。

帰り道、娘が「虫とか森とか山とか林とかはさ、みんな家族っていった方が伝わりやすくない？」といってきた。3歳9か月にしてなかなか面白いことをいうようになった。

1月9日(月)

午前中、家族みんなでご近所さんのところへ遊びに行く。ちょっとお茶を飲むだけのつもりが、お昼ご飯までお世話になってしまい、長い時間ダラダラ過ごしてしまった。子どもたちが自分たちだけで遊んでくれたので、親同士でゆっくり話ができてよかった。

帰ってきてから、娘と一緒に家の近くを散歩する。ジャノヒゲの実を教えると、娘はすぐに気に入った様子。キッズバイクをほっぽり出して夢中で集め始めた。ジャノヒゲは、細長い葉っぱを株元からたくさん出し、こんもりとした小山のような姿をつくっている。実はその葉っぱの根元に付いているので、葉っぱをかき分けないと、見つけることができない。3歳の娘にとっては、葉っぱをかき分けて、実を見つけて、そこに手を伸ばして、つまんで採る。という一連の作業はどうやらちょうどいい難しさだったようで、しばらく実を集めることに集中していた。僕はその娘の様子を観察する。

娘はまず、右手で葉っぱをかき分ける。すると、その奥に青い実が見つかる。そこに左手を伸ばせば実はすぐに採れそうなのだけど、まだ両手を同時に動かすことに慣れていない娘は、また右手を使って実に手を伸ばすことになる。そうなると先ほどかき分けていた葉っぱから手が離れてしまうので、実が隠れてしまう。なので、娘は結局、実を見ないまま、手探りで採ることになる。あれ、どこに行ったのだろう? という感じで、今度はすこし離れたところからジャノヒゲをのぞき込む。そしてまた葉っぱをかき分けて……ということをずっと繰り返していた。そんな調子で、長い時間をかけて、娘はジャノヒゲの実を集めていく。しばらくして、娘がこちらを向いて「あおちゃん、いっぱ〜い」という。差し出してきた小さな手のひらには、青い実が7つのっていた。苦労して集めた実は、青くてとてもきれい。まるで宝探しのようだ。3歳児の遊びと植物は本当に相性がいいと思う。

1月10日(火)

娘のお友達からソリ遊びのお誘いがあったので、みんなでゲレンデに行くことにした。といっても、キッズ用の雪山でのソリ遊びだ。思い付いた時にすぐにゲレンデに行ける環境は、東京生まれの僕からすると、なんて贅沢なのだろうかと思う。雪山を見ていたら、樹氷を見たくなってきたので、帰ってからさっそく情報を調べる。冬の間にしておきたいことがたくさんある。

ゲレンデの近くにコブシの冬芽があった。樹木の冬対策として、冬芽を毛で覆っている植物は多くあるが、コブシほどふさふさな冬芽は珍しい。白くて長い毛がびっしり生えていて、手触りがとても気持ちいい。いかにも暖かそうだ。この中で、花のつぼみが春の到来を待っている。僕は、まだ春よ、こないでくれと思っている。

1月11日（水）

昨年末から、予想以上の仕事量になって戸惑っている。本当は今日も、昨日の続きでゲレンデに行きたいくらいだが、そんなことをしている余裕はない。なんとか気持ちを奮い立たせて原稿を書こうとするのだが、まるで書けない。自分の中からもうなにも出てこない状態になってしまったので、外に出る。

近所の空き地でガガイモを発見。茶色くなった縦長の実が割れて、中から綿毛が飛び出している。ガガイモの実は、長さ7〜10cm、幅3cmほどあるので、植物の実としてはかなり大きい。この実から綿毛が飛び出していく様子は迫力がある。

写真を撮っていたらすこしリフレッシュしたので家に帰ろうとすると、ズボンが大変なことになっていた。いつの間にか、アレチヌスビトハギの実がびっしり付いていたのだ。ヌスビトハギの仲間は、三角形のさやが連なる見た目をしていて、ひとつの三角形にひとつのマメが入っている。このさやは、衣服にちょっと触れただけでバラバラになり、ピタッとくっ付いてくる。どうやらガガイモの写真を撮るために足を踏み入れた場所に、このアレチヌスビトハギがたくさん生えていたようで、茶色い三角形がズボンにびっしりとくっ付いていた。うわー！　と取ろうとするのだが、なかなか取れない。すごい接着力だ。あぁもう、こんなことしてる時間はないのに……。と焦れば焦るほど取れなくなる。なんでこんなにくっ付くんだ！　と思い近づいて写真を撮ると、実の表面にかぎ爪のような毛がびっしり生えているのがわかった。どうやらこれで、ズボンの繊維にひっかかっているようだ。これはすごい。

ガガイモは、風に種子をのせて遠くに飛ばす。アレチヌスビトハギは、人にくっ付いて遠くへ移動する。植物を見ていたら、すこし元気が出てきた。

1月12日（木）

朝、庭の植物がよく凍っているのが窓越しからもわかったので、外に出る。霜が降りた植物の写真は、この冬すでにかなりの量を撮影したので、もう撮りたい衝動は収まっている。なので今日は、まだ撮っていない対象を探して歩くことにした。すると、今シーズン初対面のオオジシバリを発見。先が丸くてスプーンのような形になった葉っぱが、地際にたくさん出ている。葉っぱの色が、赤色や緑色など様々なのが面白い。その葉っぱに、立方体の霜の結晶がびっしりと付いている。赤いスプーンの先に、塩の結晶がたくさん付いているような見た目だ。どうしてこんなことになるのだろう。面白い。霜の付き方ひとつ取っても、植物はわからないことだらけだ。

帰ってきて、娘をようちえんに送る。昨日で長い冬休みは終了し、今日からようちえんが再開した。家族で過ごすのも悪くないが、これで仕事をする時間を確保できる。なんだかんだいってもちょっとほっとする。

1月13日(金)

朝、娘をようちえんに送った足で、そのまま清里へ向かう。昨年末にはじめて発見した林道があり、その道がどこに続いているのかを確かめたかったのだ。

林道を歩くと、すぐに坂道になった。どうやら川に下りて行けるようだ。川辺に着くと、その川岸に大きな岩盤が露出していて、その岩の割れ目から水が染み出てきていた。水が地面に落ちる場所には氷の柱がいくつもつくられている。そのそばでは、岩から滴り落ちた水が、地面の落ち葉や枯れ枝を覆うように凍っていた。本来は茶色く細い枝が、氷によって一回り太くなっていて、氷の棒がゴロゴロ転がっているような不思議な光景になっていた。その隣では、草がそのまま凍っているのも見つけた。氷の棒の中で緑色の葉っぱが生き生きしているので、氷漬けになっても生きているようだということがわかる。

植物はどうやって寒さに耐えているのだろう。みんな、よく生きているな。と思う。

1月14日(土)

今日は一日どんよりとした曇り空。なんだかやる気が出ない。原稿を書く気が起きるまで、この前見つけたガガイモの実を割ってみることにした。

すでに茶色くなり、縦に割れ目ができていたので、そこからバリバリッと皮をめくってみる。すると、その中から、毛の生えた種子がびっしりと並んで出てきた。茶色い種子そのものは１cm弱の長さしかないのだが、その先に５cmほどの長さの白い毛が生えているので、種子と毛をあわせると、なかなかな長さになる。白い毛は大量に付いていて、それぞれがびしっと真っすぐにそろって伸びている。光にあたると輝いてきれいだ。たくさんの種子が、実の中にきちんと収納されている様子が、あまりに秩序正しくて驚く。ためしに種子をひとつ指でつまんで引き出すと、真っすぐだった長い毛がふわっと膨らんで広がるようになっている。ガガイモの種子は、これで空を飛んでいく。しばらく撮影したらやる気が出てきたので、今日もひたすら原稿を書いた。

1月15日(日)

今日も曇り空。昼からは雨も降ってきた。僕は、天気と気持ちが直結している傾向があるため、昨日と同じくやる気が出ない。YouTubeで、室内でできる有酸素運動のトレーニングを検索し、画面を見ながら運動をする。20分ほどで体が温まり、ちょうどいい感じに全身に疲労がきた。どうやらこれでかなりリフレッシュできたようで、原稿がはかどる。なんだかすごい時代だなと思いつつ、これはこれで有効に活用したいなとも思う。

夜は千尋さんと娘が七草粥をつくってくれた。「せり、なずな、ごぎょう、はこべら、ほとけのざ、すずな、すずしろ、これぞ七草」といいながら、包丁でトントン切り刻む。身近な環境に生える草を使って、無病息災を祈る。素敵な習わしだ。時代は否応なしに変わっていき、僕自身もその恩恵を受けているわけだけど、昔から続くこうした文化も大切にしたいなと思う。ところで、七草粥は本当は1月7日に食べるものだけど、細かいことはまぁいいか。

1月16日（月）

今日は娘とお友達をゲレンデに連れて行く予定だったのだけど、朝になって娘が発熱してしまった。急きょ予定はすべて取り消し。家でゆっくりすることになった。

熱はあるものの、元気そうではあるので、ちょっとだけふたりで公園に出かけた。

「ここにハートあるの知ってる?」と、ニワウルシの枝の葉痕を教えてみる。ノリが良い娘は、一応「わぁ〜、ほんとだ〜」といってはくれたが、やっぱり元気はなかった。あとはひたすら家でゆっくり。仕事もお休みだ。娘が風邪をひくと、すべてのことが止まる。こんな調子で過ごしていたら、もうすぐに冬が終わってしまいそうだ。

1月17日(火)

娘の風邪がまだ治らないので、今日も家でゆっくり過ごす。僕は、リビングの壁に、木の実を飾るための棚をつくるべく日曜大工。娘にはその間、木っ端(こっぱ)とボンドと木の実を渡しておいた。

娘はツルウメモドキ、ノイバラ、アカマツ、センニチコウにボンドを付けて、板に貼っていく。手のひらサイズのかわいい展示物ができた。なかなか素敵だ。子どもがつくるものは、どうしてこうも魅力的なのだろう。無作為の美のようなものを感じる。

昨日、冬が終わることを思ったら、そもそも、もうすでに冬は終わっているのではないか。という気がしてきた。今のこの寒さは、冬の寒さではなく、春の前触れの寒さだ。そのようにたしかに思ったのだけど、この微妙な感覚は自分だけのもの。人に説明できる自信はない。だけど、とにかく今日、僕はそう思った。

1月18日（水）

年末から山場を迎えていた仕事の最終段階にようやく辿り着いた。午前中は図書館に缶詰めで、ひたすら資料と向かい合う。

昼にはあらかた決着がつき一安心。帰り道でカナムグラの種子を見つけたので、いくつか採取して帰る。雌花を包んでいる苞（ほう）が茶色くカサカサになっていて、その中から丸い種子が見えている。ちょっとつまむだけで簡単に取れる。この種子を割ると、その中には、アンモナイトのようなぐるぐる巻きのものが入っている。これは、植物の言葉では「胚（はい）」と呼ばれるもので、発芽する際にこのぐるぐるがほどけ、葉っぱに変わる。こんなところにもう葉っぱが用意されているなんて驚きだ。

僕はこういう時に、冬の中には春があることを感じる。春は、冬の間、不在にしているわけではない。春は、いつも冬の中にいて、時がくるのを待っている。

1月19日(木)

この冬の最大の仕事の山場を一気に越えるべく上京。朝から晩までかけて、打合せを4件こなす。さすがに疲れた。

打合せ間の移動中に、気になる街路樹を見つけた。モミジバフウだ。もうすっかり葉っぱが落ちていて、樹木の名前を知るヒントは少ないが、浅く縦に裂ける樹皮の様子からすると、たぶん合っていると思う。この木の幹のまわりには金属製の支柱が立っていたのだが、幹の一部がその支柱の上に張り出すように出っ張っていて、まるで「よっこいしょ」と腰かけるような姿になっている。もしかして、今日の僕のように疲れているのだろうか。と思ってしまうような見た目だ。樹木は、幹が太くなり、支柱が邪魔になると、支柱を飲み込むように成長していく。飲み込まれた支柱の一部が取り出せなくなり、幹と一体化してしまったものもあった。

街路樹は、管理された植物だ。野生の植物とは違う。人が植えた植物は、人が面倒を見ないといけないのだけど、そうはしてもらえないことが多い。

1月20日（金）

今日は、ＮＨＫの自然番組、「ダーウィンが来た！」のナレーション入れをするために渋谷へ行く。３年前にロケをしていたものが、ようやく今年の春に放送されることになった。今日は、その最後の仕上げだ。

スタジオに入り、マイクに向かって台本を読む。テレビ番組にナレーションを入れるのははじめての経験。映像を見ながら、そのタイミングにあわせてセリフを読むことは、思っていた以上に難しかった。なんとかできたつもりだが、大丈夫だっただろうか。ちょっと心配だ。それはさておき、どんなことでも、はじめての体験はみんな面白い。社会科見学をしているみたいだ。

これで、年末からずっと取り組んでいた仕事の山をすべて越えた。３つの山を同時に登っていたので、さすがに疲労困憊。でも、ぜんぶ無事に終わって良かった。晴れ晴れした気持ちでスタジオ近くの公園を歩いていると、甘い香りがしてきた。この時期にこの香りといえば、絶対あれだ。と確信を持って、その香りの方へ歩いていく。すると、ソシンロウバイが咲いていた。やっぱり。予想通りだ。うつむいて咲く黄色い花が夕日にあたって輝いている。まるで蜜ろうでつくられたかのような見た目だ。写真を撮っていると、その香りの強さにむせかえってしまう。そういえば、花の香りを嗅ぐのは久しぶりだな、と気が付く。枝には黄色くなった葉っぱがまだ残っていた。花は1・5cmほどの小ささだが、葉っぱは10～15cmほどもある楕円形で、存在感がある。手触りは硬く、紙やすりのようにザラザラしている。もし目隠しして触っても、僕はこれをロウバイだと当てられる自信があるほど、特徴的な手触りだ。

都会を歩いていると、現代社会は、視覚と聴覚をよく使うようにできていることを感じる。世の中のデジタル化が進めば、その傾向はさらに強まるだろう。これからは、それ以外の感覚、触覚や嗅覚、味覚を使う体験がより貴重になっていくかもしれない。自分のことを振り返ると、僕も植物を五感で楽しんでいるようでいて、じつは視覚をたくさん使っているように思う。今年はもっと、色々な感覚を使うことをテーマにしたい。

1月21日（土）

家を二日間空けたので、今日は娘と過ごすことにする。もう熱はないようだけど、ずっと休んでいたため体力が落ちている様子。全快という雰囲気ではない。そんなわけで、今日はどこにも出かけず、家で工作などをしてゆっくりすることにした。家にあった手のひらサイズの木っ端に20本ほど釘を打って手渡すと、娘は毛糸を釘と釘の間に渡すように巻き付け、最後にナツツバキのがく片をくっ付けた。作品名は、「海」らしい。二日ぶりの娘ワールド。とてもいい。

ふと顔を上げると、家の中で育てていたヒヤシンスから花茎が立ち上がっていることに気が付いた。そこに白いつぼみがたくさん付いていて、その中のひとつだけが、花を咲かせていた。水耕栽培をはじめてちょうど1か月。やっとこのヒヤシンスの花色がピンク色であることがわかった。

1月22日(日)

家族で選挙に行く。僕はなぜか右肩がすごくこっていて朝から元気が出ない。娘もまだ復調しきっていないので、遠出することもできない。せめて庭に面白いものがないか探すことにした。

ローズマリーの花が終わり、実ができていた。根元がぷっくり膨らんでいて、その先端が4つに分かれて突き出ている。どことなくユーモラスな印象を受ける。それをひとつ採り、種子を出してみる。すると、ひとつの実の中からコロコロッと種子が4つ出てきた。実と同じ赤茶色で表面に細かなブツブツが付いている。今日は、ローズマリーの種子を生まれてはじめて観察した日になった。

1月23日(月)

このところ、僕の仕事がずっと忙しかったので、今日は千尋さんに一日仕事をしてもらうことにした。千尋さんは、「アトリエこと」という屋号で焼き菓子をつくっているので、今日は自宅裏の工房にこもることに。

さて、家に娘とふたりきり。今日はなにをして過ごそうかなと考えていると、娘は「これやりたい」と刺しゅう枠を持ってきた。よしきた。と刺しゅう枠に布をセットしてあげると、あとはひとりでもくもくと取り組み始める。針に刺しゅう糸を通すことも、その糸を布に縫い付けていくことも、もうひとりでできる。僕がお手伝いするのは、その糸を結んであげることだけだ。オレンジ、黄色、ピンク、緑など、様々な色を使って刺しゅうをほどこして、完成。特になにか目的の図案があるわけではないが、娘が自由に縫った刺しゅうは、不思議と素敵に仕上がる。娘の創作はやっぱりいいなぁと思う。

僕は、隙あらば近所の植物を撮影しようと思っていたのだけど、今日の娘の創作意欲は強く、その後も色々とつくり続けたため、結局外に出ることはできなかった。せめてと思い、ヒヤシンスの写真だけは撮っておく。今日は、昨日よりも多くの花が咲いている。1輪だけ咲いている時と、複数の花が咲いている時とでは、その見た目の雰囲気はかなり異なってくる。今日は10輪近く咲いていて、ゴージャスな見た目になっていた。甘い香りも漂ってくる。

家で植物を育てていると、外出しなくても植物観察ができていいなと思う。庭を見ると、この冬に植えていたチューリップも、三角形の芽を地面からちょこんと出していた。これはいつ花を咲かせるだろうか。

1月24日(火)

ヒヤシンスの開花がまた進んだ。満開まであとすこしかな? と写真を撮っていると、隣で娘が、花をじっと見て、「ここ、手、つないでるー」といってきた。隣り合った花の花被片(かひへん)が触れ合う部分をそう見立てたらしい。そして球根を指差して、「ここ、寒そうー」ともいってくる。玉ねぎみたいな球根の皮がむけているからだそうだ。さらに、水中に伸びる根っこを見て、「まゆみたいー」ともいっていた。瓶の底まで伸びた根っこのそれぞれが、中で丸まって収まっている様子がそう見えたようだ。「なんのまゆ?」と聞くと、「まゆはー、ちょうちょでしょ」とたしなめられてしまった。

僕が、ヒヤシンスの開花状況ばかり気にしている中で、娘はちゃんと「いま」の観察をしている。それも想像力を豊かに使って。最後に、娘がヒヤシンスを見ながら「木になるかなぁ?」と訊いてきた。つい、「ヒヤシンスは草だから、木にはならないよ」と答えてしまったのだけど、あとになって反省した。ヒヤシンスが草なのか木なのかは、娘が自分で観察して確かめればいいことだったのに。

1月25日(水)

寒波がきた。明け方の気温がマイナス8℃まで下がるというので、それってどんな感じだろうと思い、早起きをする。

昨晩、すこしだけ降った雪が草たちを覆っていた。青い花を咲かせたオオイヌノフグリが雪に埋もれている。こんな状況でも咲いているのだからすごい。その近くでは、セイヨウタンポポの綿毛も雪に埋まっていた。本体は見えないが、綿毛の部分だけが地上に見えている。白い地面から綿毛だけが生えているように見えて面白い。雪が降ると、植物の見え方が変わる。どれも美しい。水路で咲くノボロギクを見ると、その葉っぱが氷の中に閉じ込められていた。どうして、これで生きていられるのだろう。冬の植物は本当にたくましい。

朝の撮影を終え、家族でご飯を食べたら娘とようちえんへ。こんな時でも娘は野外で過ごすのだが、なんと今日は最高気温も氷点下。マイナス3℃までしか気温が上がらないという。あまりの寒さに娘が泣きじゃくったため、僕もようちえんから帰れなくなってしまった。仕方なく、今日はずっと娘とたき火にあたって過ごすことになった。仕事はできなかったけど、こんなにも寒い日をずっと外で過ごせたので、すこしだけ植物たちの気持ちを味わうことができた。植物たち、やっぱり大変だと思う。

1月26日(木)

今朝はさらに冷え込む。明け方はマイナス9℃まで気温が下がったので、ずっとしてみたかった実験をしてみることにした。シャボン玉だ。シャボン液を付けたストローをふーっと吹くと、膨らんだシャボン玉がたちまち凍り始める。球の一部に結晶状の氷ができ、それが全球を覆っていく。30秒後には全球が完全に白く凍り、光を受けて虹色に輝きだす。強い風が吹くと、膜が破れて割れるのだが、膜は凍っているため、はじけて消えはしない。ゴム風船が割れた時のような様子で、割れたシャボン玉の膜がそのまま風にたなびくようになる。ただ寒いというだけで、シャボン玉は、いつもとはまるで違う存在になるのが面白い。

こんな時、渓谷はどんな様子になるのだろうと思い、すこしだけ川俣川に行ってみることにした。すると、やはり川のところどころが凍っていて、その雰囲気は一変していた。いつもは、岩の間を川の水が上から下へ流れ落ちていく様子が見られるが、今日は岩にあたる川の水が凍っているせいで、岩自体が白く大きくなっているように見える。そうなると、いつもは見えていた川の水の流れが、岩と、それに付く氷のかたまりに隠れてしまい、どこを水が流れているのかわからなくなってしまう。寒いと、渓谷の姿も変わる。

凍る渓谷を見ながら歩いていると、ノリウツギが雪の上に落ちていた。細かい実が枝の頂点とその脇から複数出ていて、その外側にすでに花の時期を終え、白く枯れた装飾花(そうしょくか)が付いている。その様子が、まるで白い背景に描かれた絵のように見えて気に入った。寒いと、いいものにたくさん会うことができる。

1月27日(金)

娘をようちえんに送り、帰ってきてから事務仕事。なんだか久しぶりにまとまった仕事時間を取れるような気がする。そう思っていたら、ようちえんから娘の体調不良の連絡があり、慌てて迎えに行く。年末から、どうにも仕事をする時間が確保できない。どうしたものか。

午後になると、雪が降ってきた。千尋さんが、「撮影行ってきていいよ」と促してくれたので、喜び勇んで外に出る。雪が降ると、景色は一変する。ナズナもエノコログサも、雪をまとっているといつもとは違う植物に見えてくる。普段は濃い緑色をしている竹林も、今日だけは白くなっていて、雪が積もっている白い部分と、積もっていない緑色の部分の色の対比が印象的だ。葉っぱが落ちた落葉樹の枝にも雪が付いていて、いつもよりその枝ぶりが目立って見える。オニグルミの冬芽も雪をかぶって寒そうにしていた。今日は仕事はできなかったけど、撮影はできたから良しとしよう。

1月28日(土)

今日は家族みんなでお出かけ。これだけ寒いから、いっそのこと、もっと寒いところに行ってみよう！ という僕の提案に、みんな喜んで賛同してくれる。ありがたい家族だ。

車を1時間ほど走らせて、長野県の北相木村にある三滝山に到着。さっそく雪の積もった階段を上がっていく。すると、すぐにお目当ての大禅の滝が現れた。落差30mの滝の3分の2ほどが凍っていて、迫力満点。凍った滝には、さらに上から水が降り注いでくるため、この季節は日に日に氷が大きくなっていくそうだ。凍った部分が、松ぼっくりのカサのような見た目になっていて面白い。この場所の今日の最低気温はマイナス14℃。最高気温はマイナス4℃だという。すごい寒さだ。

山の入り口に、ウリハダカエデがあった。先端にひとつ、その両脇にふたつ、長楕円形の赤い冬芽が付いている。表面は滑らかな見た目だ。冬芽の下に付いている葉痕には、3つの維管束痕が残っていて、笑っている顔のように見える。この葉痕のように、僕も笑っていた楽しい一日だった。

1月29日(日)

今日は、午前は僕が娘と過ごし、午後は千尋さんが娘と過ごすという交代シフトの日。せっかく娘と過ごせるので、どこかにソリ遊びでもしに行こうかなと思ったのだけど、娘は外には行きたくないという。そんなわけで、今日はずっと、ごっこ遊びに興じることに。

午後、僕の仕事時間がきたものの、なんだか気持ちがのらない。しないといけない事務仕事と原稿書きはたくさんあるが、やっぱり撮影にすることにする。今日撮っておきたかったのはオシロイバナのタネだ。黒い楕円形のタネの外側をカッターと爪切りで切ると、中身が出てくる。それをさらに分解しようと思ったのだが、すっかり乾燥していてバラバラにすることができない。なので、いったん水に浸けてみることにした。10分ほど経って取り出すと、今度は簡単に白い胚乳（はいにゅう）と肌色の胚に分けることができた。肌色の胚を広げてみると、春に芽生える子葉（つまり葉っぱ）そのものの姿になった。これを見ると、タネの中で、春がすでに準備されていることがよくわかる。

ただ、僕はまだこの芽生えを見たいとは思っていない。今はおそらく、1年で一番寒い時期だろう。なぜだか僕は、それを嬉しく思っている。今はまだ、この寒さを全身で浴びていたい。

1月30日(月)

車を車検に出す。ひとりで行こうと準備をしていると、なぜか家族がついてくる。そのまま買い物をしたりして、ただみんなで遊んだ一日になった。

家に帰ってきて、そういえば。とヒヤシンスを見に行くと、花茎が下を向くように倒れていた。前にこのヒヤシンスの写真を撮ったのが1月24日。その時が満開の一歩

手前だったので、とっくに盛りを過ぎていたようだ。僕は、こうして花の満開を見逃すことがよくある。なぜか、満開の一歩手前を見ると、気持ちが満足してしまうのだ。でも、くたっと倒れたヒヤシンスを見ていたら、今度はこの先どうなっていくのかまた興味が湧いてきた。このまま、もうすこし育ててみよう。

1月31日(火)

娘をようちえんに送り、帰ってきて家で仕事をする。こうしてちゃんと時間が取れるのはいつぶりだろうか。ためにためている原稿に取り組むことにする。

植物のことを書く際、いつも悩むことがある。たとえば、ハクモクレンの冬芽を紹介する時、その見た目の様子から、「寒さ対策として、ハクモクレンは毛むくじゃらのコートを着込んでいる」と書いたとする。すると、これは擬人化になってしまい、さも植物に意思があるかのように伝わってしまう。生物の進化は、目的なしに起こるというのが、今の教科書にならった捉え方なので、「ハクモクレンが寒いからコートを着た」のではなく、「コートのような構造を持ったハクモクレンが現代に生き延びた」とする方がまだいいのだろう。わかりやすさが、時に正確さを犠牲にしてしまうことには、僕も十分に注意していたいと思っている。

しかし一方ではこうも思う。今自然に詳しい人でも、自然に興味を持ち始めた最初の段階においては、擬人化を通過した人がそれなりにいるのではないかと。

今、4歳間近の娘が、植物や虫と触れ合う姿を見ていると、そのことをよく思う。娘の遊びの中で、彼女と自然は対等な存在だ。娘は草花との会話を心から楽しんでいるし、時には蝶や鳥になり、空を飛んでいくことだってできる。想像力豊かに自然と触れ合う娘は、知識を使って自然を見ようとする僕よりも、自然のことをよく理解しているのではないかとさえ感じる。これは、自然を外から見ることと、内から見ることの違いともいえるかもしれない。自分に引き寄せて内から自然に近づくか、自分を消して客観的に外から自然に近づくか。おそらく、どちらの態度が正しいとかいうものではないのだろう。人になにかを伝える仕事をすることは、常に悩ましい。

（上）1月2日／霜をまとうノボロギクの総苞片
（下）1月10日／コブシの冬芽

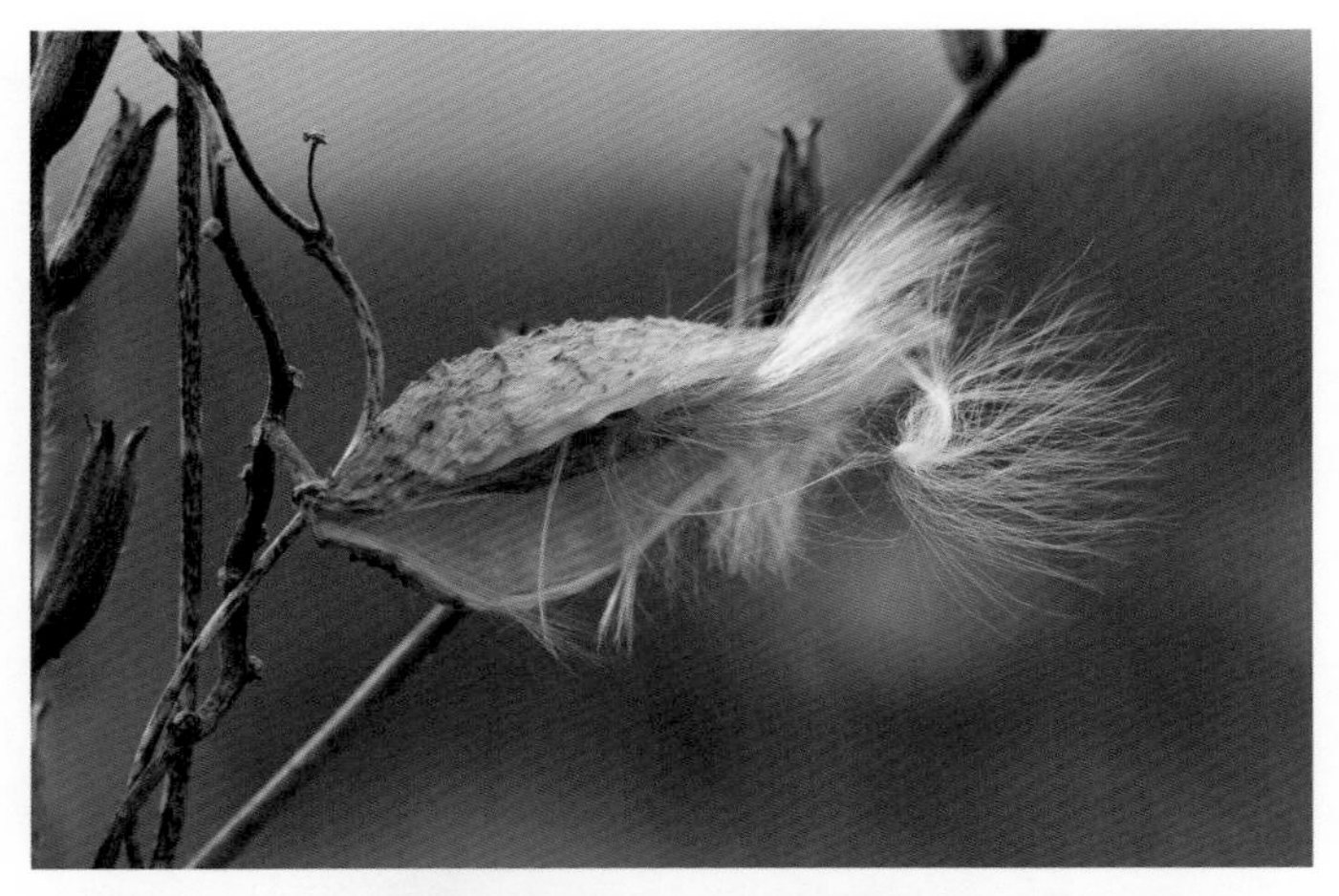

（上）1月11日／ガガイモの綿毛
（下）1月12日／霜の結晶が付いたオオジシバリの葉っぱ

（右上）1月18日／カナムグラの種子　（左上）1月20日／ソシンロウバイの花
（下）1月27日／ナズナ

1月27日／オニグルミの冬芽

1月28日／大禅の滝

2月1日(水)

今朝もよく冷え込んだ。明け方の気温はマイナス6℃。今日は雪の中の植物の様子を見たかったので、清里エリアの林の植物の写真を撮りに行くことにした。

林を歩くと、積もった雪の上に点々と動物の足跡が付いていた。楕円形のひづめの跡なので、鹿だろうか。鹿はこんな雪の中どこに行くのだろうと思い、それを辿って歩いていく。すると、結氷した川に出た。恐る恐る氷の上に立つと、川の氷は割れずに僕の体重を受けとめてくれる。凍った川の上を歩いていくと、カラマツの枝が落ちていた。拾おうとしても、川に張る氷と一体になっていて拾えない。氷は、細かい線状の結晶がランダムに敷き詰められたような不思議な模様をしている。カラマツの枝との組み合わせがとても芸術的に見えた。その近くでは、エノコログサが凍った川の中に閉じ込められていた。ヤマモミジの枯葉も、凍った川の中に保存されている。

冬は、動物が動いた形跡を保存し、秋に落ちた実や葉っぱの時間を止める。これらはいつ、動き出すのだろう。

2月2日（木）

今日も朝からすこしだけ林を歩く。書かないといけない原稿がたくさんあるのだけど、そればかりしていると、せっかくの冬がもったいない。

冷たい風を受けながら気持ちよく雪道を歩いていると、ノリウツギの冬芽を見つけた。先が尖った茶色で、硬く閉じているように見える。3つの維管束痕が顔の模様をつくっていて、さらにその下に付いている2つの葉痕が、両手をこすり合わせて、寒さに耐えているような姿に見える。

写真を撮っていたら、もしかしてノリウツギは、やがてくる春の存在を知っているから、この冬を越えることができるのではないかという気がしてきた。何年も生きる樹木であるノリウツギは、すでに何度も冬と春を経験している。どれだけ寒くても、冬のあとには必ず春がくる。それを知っているからこそ、この寒さに倒れずにいられるのではないだろうか。

2月3日(金)

娘のようちえんで本気の節分が行われる。森に鬼が現れて、子どもたちが真剣におびえ、泣き、逃げていく。自然の恐さを具現化したかのような鬼の姿は、大人の僕が見ても恐かった。こうして自然を理解する方法だってありだと思う。しばらくして、鬼は去っていく。すると、その後ろ姿に向かって子どもたちが「ありがとうー！」と声を上げ、手を振っていた。子どもの世界では、自然は恐くもあり、同時に感謝の対象でもある。

いつの間にやら、もう節分だ。まだまだ寒いけれど、うかうかしていると春がきてしまう。今シーズンにこなしておきたい撮影を進めることにする。今日撮影したのはコナラの冬芽。三角錐のような形をした冬芽が枝先に3つ付いていて、そのそれぞれが、うろこ状のものに何重にも覆われている。

植物のことを伝える際、僕が用いる方法は、じつはひとつしかない。この冬芽を覆っているうろこの数を数える。といったように極めて具体的なアプローチをするのだ。ピンセットとカッターを使って、1〜4㎜程度のうろこを順番に外していくと、全部で

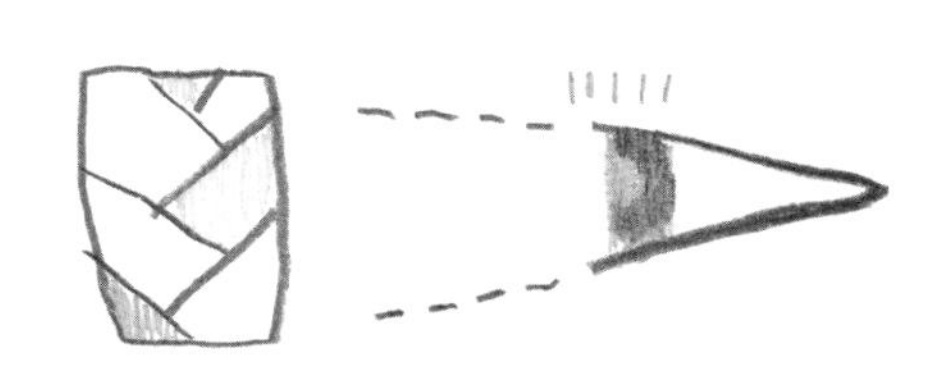

52枚付いていたことがわかった。うろこがすべてなくなると、枝先には小さな葉っぱが数枚残る。これで、コナラの冬芽の中には葉っぱがあることと、そのまわりをうろこが何重にも覆っていることを知ることができる。この事実から、次に、このうろこの役割はなんなのだろう？ という疑問が浮かんでくる。これを、人それぞれが自由に想像すればいい。観察は、人に考える土台を与えてくれる。僕は、その土台だけを提供したい。

2月4日（土）

今日は立春。暦の上では、これから春がはじまるらしい。でも、体感としてはまだ冬真っ盛り。母から、味噌仕込みをするという連絡があったので家族で遊びに行く。しかし、着いた頃にはもうそれは済んでいて、父が栗の木の伐採の続きをしていた。

チェーンソーで切られた栗の木の幹を見ると、楕円形の穴がたくさん開いていた。おそらく、カミキリムシの仕業だろう。木のくずで穴が埋まっていたので、娘と一緒に穴をほじくってみると、その様子がはっきり見えてきた。トンネルみたいな模様になり、面白がっていると、今度はその穴の中に葉っぱが詰まっていることを発見した。なんだろう。と取り出してみると、その葉っぱは何重にも重なり筒状になっていることがわかった。他の穴からも、筒状の葉っぱがたくさん出てくる。図鑑で調べると、どうやらこれはハキリバチ類が産卵する育児ケースのようだとわかった。丸めてつくった葉っぱのケースを穴の中に詰め、そのケースの中に卵を産んだようだ。

自然は複雑だ。カミキリムシは栗に穴を開けて傷を負わせたけれど、その穴は単なる傷ではない。ハキリバチの新しい命が育つ場所になったのだ。

2月5日(日)

昨日の夕方から、娘のお友達がふたりお泊りにきている。朝起きると、子どもたちが昨日つくっていた草の料理が凍っていた。柿やメマツヨイグサの葉っぱ、ツルウメモドキの実などをフライパンに入れ、そこに水を足して遊んでいたものだ。それがそのままの状態で凍っているのを見て、「ピザみたい〜!」とみんなが喜んでいる。

立春も過ぎたので、果樹園の果樹の様子を見に行く。桑もイチジクも柿も桃も、みんな枝先の冬芽がまだ硬く締まっている。でも、その中で唯一、梅だけがその花芽をすこしほころばせていた。赤いがくがゆるみ、中から白い花びらがすこしだけのぞいている。丸っこくて愛らしい。これはそろそろ咲きそうだ。まだ、水が凍るほど寒いけど、春は確実に近づいてきている。

2月6日（月）

今日は娘とお出かけ。スケート場に行ったら、お昼に氷が溶けたとのことで閉店していた。たしかに今日は暖かい。代案を探し、近くのゲレンデに行くことに。ソリ遊びをしながら、やはり背にあたる日差しを暖かく感じる。もしかしたら、今年の春は早いかもしれない。

帰ってきてヒヤシンスを見たら、なんと花がまた咲いていた。前に咲いた花はもう萎れ始めていて、その代わりに葉っぱの根元からまた新たな花茎が伸びてきている。まだ花芽が隠されていたとは驚きだ。僕は、このヒヤシンスが前に花を咲かせた時に、この後もしかしたら実が付くかもしれない、と楽しみにしていた。でも今日、ヒヤシンスは、僕の予想に反して、また新しい花を咲かせてくれた。植物は、よく僕の想像とは違うものを見せてくれる。こういう驚きこそが、植物観察の醍醐味といえる。

2月7日（火）

今日も暖かい。これはまさか、もう冬が終わってしまったのか？　と、慌てて近所を散歩する。1時間ほど歩くが、春の兆しは全くといっていいほど見当たらなかった。気温を調べると7℃。もっと暖かく感じていたので驚く。ちょっと前まで昼間でも氷点下の日があったので、相対的に今日を暖かく感じてしまったようだ。

散歩中に、握りこぶしのような姿をしたニガキの冬芽を見つけた。まるで、その中に春をぐっと握っているような姿だ。僕は今日、もう春がきてしまったのではないかと焦ってしまったけれど、どうやら植物はまだ焦っていないようだ。

2月8日(水)

朝、千尋さんと娘がウッドデッキの下をのぞき込む後ろ姿が見えた。なにを見ているのかと思って、向こう側に回り込んでみてびっくり。フクジュソウが咲いていたのだ。

この家に引っ越してきた1年前、新しい土地で不安も多かった時に勇気をくれたのがこのフクジュソウだった。黄色い花びらをたくさん付けて、パラボラアンテナのように広がるこの姿。光を受けて輝く様子を見ていたら、その時のことを鮮明に思い出した。植物の姿は自分の記憶ともつながっている。今日、僕の中で、この土地の季節が一周した。

2月9日(木)

今日もすこし暖かい。といっても最高気温は8℃ほど。東京で暮らしていた時の感覚なら、まだまだ寒いと感じる気温だ。すこし散歩をするが、やはりまだ春の兆しらしきものは見当たらない。こういう時は、自分の体感よりも、自然を見ていた方が季節をよく知ることができる。

今日はクサギの冬芽を見つけた。濃い紫色をしていて、三角に尖っている。よく近づいてみれば、この紫色は冬芽を覆っている毛だということがわかる。冬芽の中では珍しい色合いなので、僕はこの冬芽が好きだ。

ところで、僕はどうしてこれをクサギだといいきれるのだろうか。春がきて、この冬芽が芽吹いたら、もしかしてケヤキの葉っぱが出てきたりはしないだろうか。そう一瞬思ったのだが、そんなことはあり得ない。この冬芽からは、絶対に、クサギの葉っぱが出てきて、夏には甘い香りの花が咲き、秋には青い実を付ける。僕はそう確信している。まだ見ていない未来のことを、どうして確信できるのか。それは、僕がすでに何年にもわたって、この形、この色をした冬芽の中からクサギの葉っぱが出てくるのを見ているからだ。

観察を続けると、その対象の未来を信じることができるようになる。すると、さらによくその植物のことが見えてくる。すでに知っていることと、まだ知らないことが明確になり、観察の精度も上がっていく。この好循環にのると、対象のことをますます好きになっていく。

2月10日（金）

朝から雪が降っている。どうやら大雪になる可能性もあるとのことで、今日は家族みんなでようちえんに行くことにした。雪でも野外で過ごす娘が、どんな様子でようちえんで遊ぶのか見たかったから。というのと、なにかあった時にすぐに対応できるように。というのと、親の僕たちも雪が降る森を見たかったから。というのが理由だ。

ようちえんに着くなり、娘はソリで遊び始めた。その姿を見て安心したので、僕はようちえんの裏の森を散策してみる。なにか良い写真が撮れないだろうかと期待していたのだが、あまりにもたくさん雪が降っていて、かえって風情がない。木々の細い枝にさえ雪が厚く積もっている。ただ、冬枯れしたフジのつるには、そこにぶら下がるように雪の結晶が付いていていて、繊細な美しさを見せてくれた。

2月11日(土)

昨日は雪が降り続き、家の近くの積雪は25cmにもなった。朝起きたら外は晴れていたが、庭が雪で埋もれていて、家族みんなで大喜び。近所の公園も白一色になっていた。今日は予定をすべて返上して、朝からかまくら作りにソリ遊びと、家族でとにかく雪で遊ぶことになった。

その途中、近所に植物の様子を見に行ってみたが、雪が厚く積もっていて、草の姿はまるで見えなくなっていた。そうなると、今度はどうしても雪が降った渓谷の様子が見たくなってきたので、午後は家族を連れて川俣川へ向かう。しかし、こちらも厚い雪が景色を覆ってしまっていた。これでは、僕には植物のことはまるでわからなくなってしまう。雪の下で、みんなどんなことになっているのだろう。

2月12日(日)

今日も娘と遊ぶ。僕はソリ遊びに行こうと誘ったのだが、娘は家で遊ぶという。しかし、そういったそばから、娘は雪で遊んでいる。僕も一緒に粘土の型で雪を星型やハート型にくり抜いて、雪のデザートをたくさんつくった。

午後に図書館に行くと、梅が開花しているのを見つけた。梅から春の訪れを感じる人は多いようだけど、僕はまだそう感じていない。いや、本当のことをいうと、まだ春がくるのを認めたくない。

2月13日(月)

朝からしとしと雨が降っている。これで雪はほとんど溶けるだろう。なんだか肩コリがひどくてやる気が出ない。すこしだけ仕事をする。

途中でなにか撮影しに行こうと思ったが、まだ雨が降っているので、室内で撮れるものを探す。ヒヤシンスが、ピンク色、薄黄色、青紫色と3色そろったので、それらを並べて写真を撮る。この3つは、どれも同じタイミングで水耕栽培をはじめたのだけど、花の咲き方がそれぞれ違った。ピンク色の花は花茎が高く伸び上がり、典型的なヒヤシンスの咲き方をしたのだが、薄黄色の花は花茎が伸びず、短い花茎に密集して花が咲いた。青紫色のヒヤシンスは花茎が短いうえに、花の数も少ない。一体なにが影響して、このような違いが出たのだろうか。もし、これらをもう一度、球根の状態に戻せるとしたら、その理由を知る実験もできるだろうと思うが、当然ながらそんなことはできない。わからないものはわからないまま。やり直しが利かないのが、植物観察の世界だ。

2月14日(火)

昨日の雨で、やはり雪がかなり溶けた。娘をようちえんに送りに行っただけでズボンが泥だらけになる。ようちえんの地面がぐちゃぐちゃなうえに、子どもたちが泥付きの長靴で抱き付いてきたからだ。

今日は確定申告の作業を進め、途中ですこし撮影に出る。田んぼのそばで、セイヨウタンポポが咲いていた。まだ寒いので、地面すれすれでの開花だ。その様子が面白いなと思って写真を撮っていると、向こうから少年が走ってきた。ここでは、僕が写真を撮っていると、子どもたちがよく話しかけてくる。「なにしてるんですか?」と訊かれたので、「ほら、ここにタンポポあるでしょ?」と僕は答える。「はい」と少年はいう。「これがね、地面すれすれで咲いてるのが面白いのよ」というと、少年は「へぇ」とだけいって、またどこかへ走っていった。なにを急いでいるのだろうか。きっと、少年には少年の大切なものがあるのだろう。そして、僕にも僕の大切なものがあるのだ。

2月15日(水)

朝起きて、やけに寒いなと思う。気温を見たらマイナス5℃だった。昼間も5℃までしか上がらないらしい。今日も確定申告を進める。これだけをして一日が終わるのはなんとも寂しい気持ちになるので、夕方に近所を散歩する。道端の水路沿いに生えていたカキドオシの葉っぱが氷に包まれるようにして凍っていた。葉裏の紫色と扇みたいな形がきれいだ。

肩コリが治らないので、夜に鍼灸に行く。先生から、もしかしたら寒さも原因かもしれない、といわれる。まだ冬には去ってほしくないと思っていたが、僕の身体の方が先に根を上げそうだ。

2月16日(木)

肩コリが解消せず、まるで仕事に集中できない。千尋さんに確かめてもらうと、肩がものすごくガチガチに固まっているらしい。肩の不快感に耐えながら仕事をするが、すぐに限界がくる。もう散歩することしかできない。こんな日は、立ち枯れたナズナを無性に美しく感じる。

2月17日(金)

すこしだけ肩のハリがよくなる。でもまだ不快感が残るので、おっかなびっくり事務仕事をする。やはり途中で限界に達してしまい、散歩に出る。なんだか暖かい。気温を調べると10℃あるようだ。コートなしでも外にいられる温度にすこしほっとする。

散歩中にトウダイグサを見つけた。赤い茎に、丸い葉っぱが十字に対になってびっしりと付いている。この道はいつも通る道なのに、トウダイグサがこんなにも大きくなっていることには気付いていなかった。植物はいつも、僕の目の前に突然現れる。でも、それは僕の目がそこに向いていなかっただけのことで、本当は僕が気付く前からそこにいたのだ。常に変化の途中にある植物を捉えることは本当に難しい。

2月18日(土)

今日は朝から暖かい。外に出たら気持ちがよくて、どこかにお出かけしたくなる。本当は夫婦で半日ずつ仕事をする予定だったのだが、家族みんなで散歩することになった。

道を歩いていると、センダンの実が落ちていた。クリーム色で、形は長方形に近い楕円形。植物の実としては独特な雰囲気を持っている。この実は、どうやら鳥にとっては美味しくないようで、冬が終わる頃までずっと木の上にたくさんくっ付いている。冬が終わりに近づき、鳥が好む実が少なくなってきた頃に、ようやくムクドリなどがこの実を

食べる。僕は、その様子を見ると冬の終わりが近づいてきたことを感じる。

帰りに、農産物の直売所に立ち寄った。野菜がほとんど出ていなかった。冬の終わりの端境期だ。鳥も人も、食べるものが少ない季節をなんとかやり過ごしている。

2月19日(日)

今日は雨。しかし寒くはない。外には行かずに家で遊ぶ。昨日拾ったセンダンの実の中に、外側の果皮が取れたあとに出てくる核が多く混じっていた。核には稜(りょう)と呼ばれる膨らみが5~7個付いていて、上から見るとお花柄に見える。なぜか中心を貫くように穴が開いているので、ビーズにもできそうだ。核をトンカチで割ると、中から種子が出てくる。ひとつの核の中に、黒く細長い種子が3~5つほど入っているようだ。

センダンの実は、核果(かくか)と呼ばれるタイプのもので、「外果皮(がいかひ)」の内側に「核」と呼ばれる堅い内果皮(ないかひ)があり、その中に「種子」があるというつくりをしている。説明するのが難しい実だけれど、梅干しを思い浮かべれば想像しやすいかもしれない。すっぱい果肉が外側にあり、それを全部食べると堅いものが出てくる。これが「核」だ。そして、この核を歯で割ると、よく「仁(じん)」とか「仏様」とか呼ばれるものが出てくる。これが「種子」だ。子どもの頃の僕は、梅干しのタネを割ると、その中からまたタネが出てくることを不思議に思っていた。植物学として解釈すれば、梅干しの種子と思っていたものはじつは「核(内果皮)」で、その中から出てくるものが「種子」であるとわかる。このような話に興味が湧くかどうか。それはまぁ、それこそ人によるのかなぁ。

2月20日(月)

肩コリがひどいのは運動不足が原因かもしれないと思い、今日は朝から散歩をする。最高気温は9℃。ここ数日と比べれば寒いが、感覚としては十分に暖かい。

家から坂を下って川に出る道の途中でヒガンバナを見つけた。ヒガンバナは秋に花を咲かせ、冬に葉っぱを出して光合成をする。冬は、寒いうえに日照時間が少ないので、光合成をするには不適な季節だ。しかし、あえて冬に葉っぱを出せば、光を取り合うライバルが少ないので、日の光を独占的に使うことができる。主流な方法ではないが、これはこれでメリットがある生き方だ。僕はこういうちょっと変わった生き方が好きなので、冬にはよくヒガンバナの葉っぱを探している。ただ、いかんせんこの冬の葉っぱだけの姿は、花と比べると地味なので、紹介できる機会が少ない。なにせ、細長い葉っぱが何本もだらんと横たわっているだけなのだから。地味さを愛でる。それも植物観察の楽しいところなのだけど。

2月21日（火）

テレビ番組のロケハンのため上京。街中の植物をテーマにした撮影が春からはじまる。撮影に適した場所を探して、撮影チームと一緒に国分寺駅の近辺を歩き回る。

ロケハンのあと、行きつけの鍼灸院に立ち寄る。ここは僕の慢性腰痛を1年かけて治してくれたところだ。先生はまず、僕の身体の動きを観察し、呼吸がうまくできなくなっていることを指摘してくれた。鏡を見て確認すると、たしかに呼吸をする度に肩が上がっていた。日常の呼吸でこれだけ肩を使っていたら、そりゃ首も肩もこるよな。と納得する。先生は、肩ではなく、横隔膜を使って呼吸ができるように鍼を打ってくれた。驚くことに、それだけで首と肩のハリがかなり軽減された。肩呼吸になってしまった原因を考えると、やはり年末からの仕事量の多さと、山梨の厳しい寒さのことが思い浮かぶ。植物ばかりでなく、自分のことも観察しないといけないなと思う。

すこし気分を持ち直したので、そのあとで殿ヶ谷戸庭園に立ち寄った。ちょうどセツブンソウが咲いていた。でも、園路からは後ろ姿しか見えない。花の表側は見えなくても、白い花が光を受けて透けていて、これはこれできれいだった。春の花が咲いているのはわかっているのに、正面からは見ることができない。なんだか今の自分の状況に合っているように思えた。

2月22日（水）

首、肩のハリとコリが相当に改善した。身体の中から元気が湧いてくるのを感じる。

今日も一日中ロケハンだったのだけど、なんとかやりとげることができた。じつはこの1か月の症状はかなり重く、こんな調子じゃ今年の仕事はすべてキャンセルしないといけないかもしれないと思い悩んでいたほどだった。先生のおかげで希望が見えてきた。

家に帰ってくると、まるで枯れてしまったかのように見える庭のシロツメクサに、小さな緑色の葉っぱが付いているのを見つけた。葉っぱの多くは枯れてしまったが、本体は生きているようだ。シロツメクサは、なんとか真冬の寒さを耐えたらしい。これから暖かくなれば、また元気にその体を成長させていくことだろう。僕も、自分の身体を信じられるかなぁ。

2月23日(木)

家を空けた翌日は、娘と一日遊ぶことにしているので、今日はちょっと遠出して河口湖の近くにある「森の中の水族館。」へ行くことに。そこに向かう道中には、まだ雪がたくさん残っていて、「路面凍結注意」の電光掲示板も出ていた。

水族館を堪能したあと、富士山を展望するためにロープウェイにのりに行った。なぜかとても混んでいる。受付の人に訊くと、今日は「富士山（223）の日」なのだそうだ。ロープウェイ待ちの時間に、アジサイの冬芽の写真を撮る。茶色や赤紫色の葉っぱが小さく枝先にかたまって付いていて、その下の葉痕の顔と一緒に見ると、三角形の帽子をかぶった人のように見える。これまたかわいらしい。2月に入ってから、もうすぐにでも春がきてしまいそうだと焦っていたのだけど、植物はずっと冬の装いをしている。今は真冬を越えたというだけで、まだまだ冬なんだなとやっと気付く。

2月24日(金)

首と肩の不調のせいで、この1か月、ずっと仕事が滞っていた。いよいよ追い込まれてきたので、今日は必死でパソコンに向かう。途中、千尋さんが銀杏を持ってきてくれた。先週末に娘が拾ってきた銀杏を煎ってくれたらしい。美味しく食べていると、あることに気が付いた。銀杏をふたつに割ると、その中に、細長い子葉が入っているのだ。

子葉だけを取り出してみると、子葉は2枚の葉っぱでできていることがわかる。開くと、その中心には、小さな本葉が準備していることもわかった。春間近。そろそろイチョウの葉っぱが出そうなところを、僕は食べてしまったらしい。

2月25日（土）

今日は確定申告に取り組む。途中、気分転換に近所をお散歩。今日の日差しも暖かい。10℃ほどあるようだ。

ヒメオドリコソウが咲いているのを見つけた。冬の寒さにずっと耐えていたためか、地面に近い方の葉っぱが赤くなっている。この冬、僕はオオイヌノフグリとホトケノザをずっと観察していた。この両種は、どれだけ寒くても探せば必ずどこかに咲いていた。しかし、ヒメオドリコソウの花は、真冬には見かけなかった。これが目に入るようになったのは2月中旬頃からだ。ということは、ここではヒメオドリコソウが開花する頃が、冬と春の境目だと捉えてもいいのかもしれない。

夜、天気予報を確認すると、どうやら明日と明後日の明け方はまたマイナス4℃程度まで気温が下がることがわかった。これが今季最後の冷え込みになるかもしれない。まだ体調に不安は残っているが、明日は早起きしてみよう。

2月26日（日）

日の出時刻が6時19分なので、6時ちょうどに起床。布団の中には、すでに今日着る服が入っている。布団の中で着替えをしてから洗面台へ。歯磨きをしながら洗濯機を回し、お手洗いを済ませたら、いざ出発。この冬は、こんな風にはじまった朝が多くあった。

予報通り、明け方の気温はマイナス4℃ほど。この冬最後の霜を探して、歩き始める。しかし、あたりは冷え込んでいるのに、草たちには霜は降りていなかった。ちょっとがっかりしつつ、せっかく起きたので1時間ほど散歩をする。

ヒメジョオンが、タネを付けたまま立ち枯れていた。総苞片が茶色く乾燥してうつむいていて、その中から綿毛がたくさん出てきている。綿毛には光があたり輝いている。

きっとこれは、去年の秋にタネになったものだろう。冬の間ずっと、タネを飛ばせずにいて、とうとうそのまま冬を越してしまったらしい。

家に帰ってくると、昨日娘がスープ作りの材料にして遊んでいたオオイヌノフグリの花と、シロツメクサの若い葉っぱが、お皿の中で水ごと凍っていた。くる春を、まだ冬が閉じ込めようとしている。

2月27日（月）

今日も日の出前に出発。気温は昨日と同じでマイナス4℃まで下がっている。しかし、やはり霜は降りていない。それでもいいので散歩を続ける。

僕は、冷え込んだ朝に見られる、草の独特な色が好きだ。春以降に見る緑色と比べると、寒い時の葉っぱは、深い緑色をしているのだ。葉っぱ自体もすこし縮れていて、これが冬の寒さに耐える姿なのかなと思う。この草の雰囲気を見られるのも、もしかしたら今日でおしまいかもしれない。

すこし寂しい気持ちになりながら、この冬によく歩いた道を行く。すると、この草にはあの日、すごい霜が降りていたんだよなぁ。とか、この草には霜は降りずに、夜に降った雨粒がそのまま凍りついていたんだよなぁなどと、この冬の草たちとの思い出が次々に脳裏によみがえってきた。植物は移動しない。ずっとそこにいてくれる。だから、近所のそこら中に、この冬の朝の記憶が詰まっている。

最後に、ちょっとだけ霜が降りているアメリカフウロを見つけた。びっしりとは付いておらず、赤くなった葉っぱにまばらに霜が付いていた。なんだか、がんばった冬のご褒美をもらったように感じた。どうもありがとう。

2月28日(火)

今日は雑誌『ソトコト』の取材がある。取材チームが山梨まできてくれてありがたい。近くの駅前ロータリーで顔合わせしたら、さっそく植物を探す。すると、ベンチの下に咲くミチタネツケバナがすぐに見つかった。地際に丸い葉っぱが連なり、中心から花茎が上へ伸びていく。その先端には白い花が細かく付いていて、とてもかわいらしい。だが、こんなところで花の観察をする人はほとんどいない。なぜなら、ロータリーは人が歩くためのもので、ベンチは人が座るためのものだからだ。ここは、植物を見るための空間ではない。でも、人がつくった空間でも植物は生きている。人の意識が届かない場所に目を向ける。これだけのことでも日常の景色の見え方が変わるように思う。今日はそんな話をした。

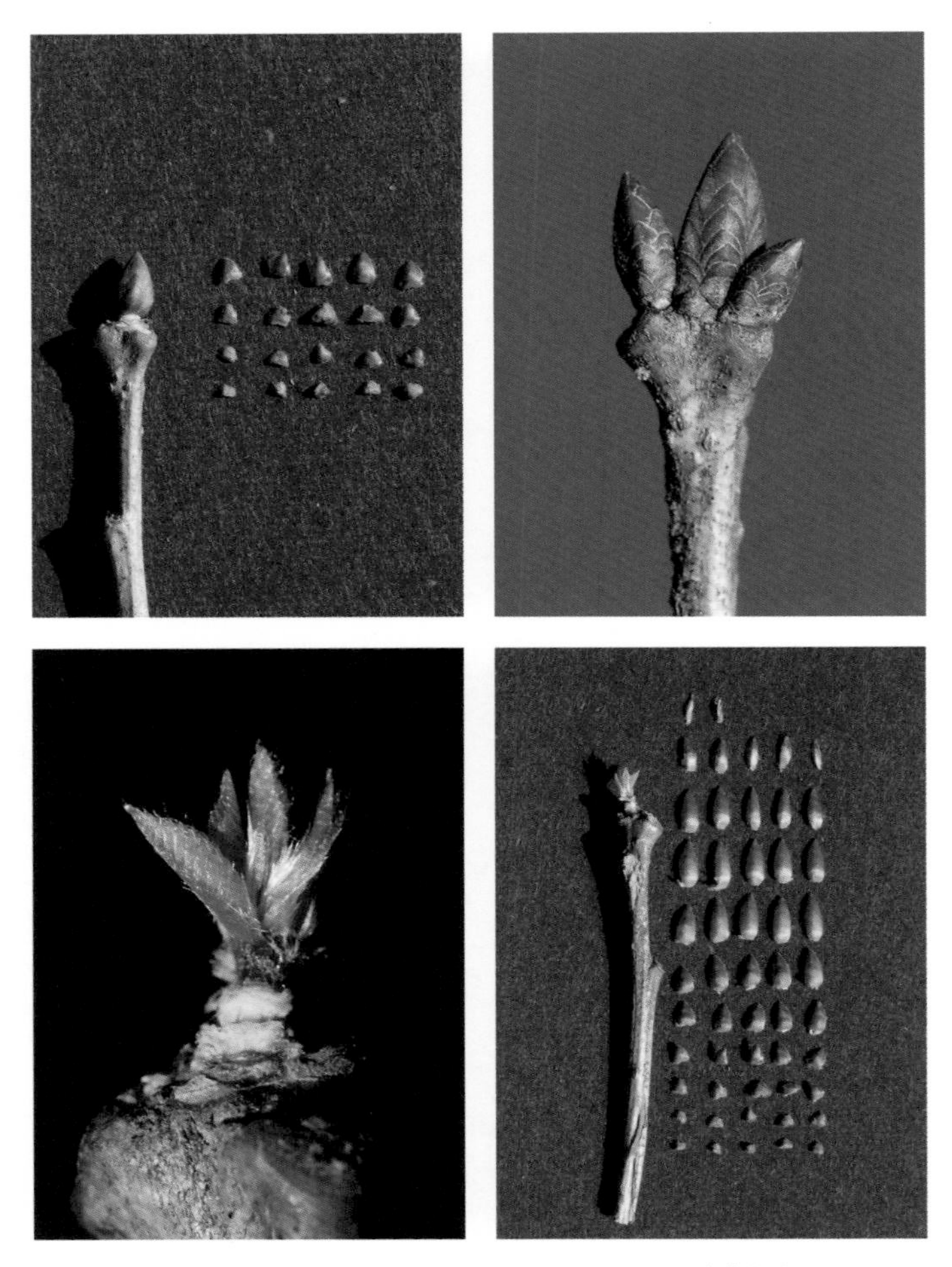

（右上）2月3日／コナラの冬芽　（左上・右下）2月3日／コナラの冬芽を覆ううろこ
（左下）2月3日／コナラの冬芽の中の葉っぱ

（上）2月4日／ハキリバチ類の育児ケース
（下）2月10日／ツノハシバミの枝に厚く積もる雪

（上）2月18日／センダンの実
（下）2月19日／センダンの核

2月21日／セツブンソウの後ろ姿

2月26日／立ち枯れたヒメジョオン

3月1日(水)

今日は、特に目的があるわけでもないけれど早起きをして、朝日を見た。この季節、家から見える朝日は、茅ヶ岳の麓から昇ってくる。山から太陽が出てくる瞬間はゆっくりに見えるのに、光が強くなってくると一気に太陽が昇るスピードが上がるように錯覚する。不思議だ。日が出ると、体感温度が急に上がる。朝の訪れを全身で感じたような気になるので、僕はこの瞬間が好きだ。

近くにギシギシがあった。初夏には1mを超えるほどの背丈になっていた草が、今では地を這うような姿になっている。真上から見下ろすと、本来は20㎝ほどある幅広の葉っぱのほとんどが茶色く枯れていた。でも、中心部だけ緑色をしているので、これもまた、なんとか真冬の寒さをしのいだようだ。

夕方、また太陽が見たくなり外に出る。すると、太陽は朝日とは反対側の山に沈んでいった。このところ、自分の体調のことや、仕事をスケジュール通りにこなせるだろうかというような心配事が重なり、すこし気持ちがふさぎがちだった。だけど今日、この土地では、あの山から日が昇って、あの山に沈むということがわかり、それだけで救われた気持ちになった。僕の気持ちには関係なく、自然はいつも動いている。どうしてだろう。その事実が、なぜか僕を安心させてくれるのだ。

3月2日(木)

娘をようちえんに送るために家を出ると、かなり暖かくて驚く。ダウンジャケットなしで歩くと、心も軽くなったように感じる。

去年の春によく歩いていた雑木林に行ってみる。春の兆しを探してみるが、今日もこれといってそれらしきものは見つからなかった。ムラサキシキブの枝先にBB弾くらいの大きさの実が残っている。秋には艶のある紫色だったのに、今はもうすっかり萎れて色もあせている。そして、そのそばには冬芽が付いている。小さく縮こまった葉っぱが、茶色い毛に覆われてつんと立ち上がる姿をしている。しっかり締まっているので、まだまだ葉っぱは展開しなさそうだ。散策の途中で、木の上に鳥の巣がのっているのを見つけた。当然ながら、中身は空っぽ。これも去年の名残だ。このあたりの自然は、いつ動き始めるのだろうか。

3月3日(金)

葉っぱが茶色くカサカサになってしまったオオイヌノフグリを近所で見つけた。冬の寒さで枯れてしまったのだろうか、と腰を下ろして近づいて見てみると、茎の先端だけ緑色をしていた。どうやらこれも冬をしのぐことができたようだ。草の冬越しは命がけだ。

3月4日（土）

今日は上京しての仕事がある。2か月ぶりの植物観察会なので、すこし緊張する。「冬と春の境界線を見る」というのが、今回のテーマだ。高層ビルが立ち並ぶ丸の内を歩くと、ユキヤナギの芽がほころんでいたり、ヒイラギナンテンの小さな黄色い花が咲いていたりして、早くも春がはじまっているのがわかった。やはり東京は暖かい。

観察会が終わり、東京駅に向かって歩いていると、その道の途中で、ブロックの隙間からシマトネリコの幼木が生えているのを見つけた。きっと近くの街路樹からタネが飛んできたのだろう。人の意識が充満する街で、自然はひそかにその陣地を拡大している。

3月5日（日）

東京で植物観察会。今日は子ども向け。豊島区にある巣鴨図書館の入り口で、ハマツメクサやオッタチカタバミ、ウラジロチチコグサなどを観察する。子どもは目が良い。一度教えれば、それらの草をあちこちで再発見することができる。子どもの植物の覚え方と、大人の植物の覚え方はまるで違う。子どもはなぜか、一目見ただけでなんとなく植物を覚えることができるのだ。その「なんとなく」の方法が知りたいのだけど、いつも、彼らの方法は僕にはわからない。

家に帰ってくると、庭のチューリップが大きくなっていた。もう地上から5㎝ほどの高さになっている。ちょっと家を空けただけで、植物の姿が変わる季節になった。

3月6日（月）

娘がお友達の家に遊びに行った。すこし前までは、自分ひとりでお友達の家に行くことなんてできなかったのに、今日は全く抵抗がなさそうにひとりで行った。すごい成長だ。ちょっと散歩をすると、畑の畔（あぜ）にホトケノザがたくさん咲いていた。花が一帯を覆っていて、ピンク色の絨毯をつくっている。これもまた、すごい成長だ。これはもう、春の到来を認めざるを得ないなと上を向くと、エノキの冬芽が硬く締まっていた。今は春なのか、まだ冬なのか、その感じ方は植物によって異なるようだ。

3月7日(火)

娘をようちえんに迎えに行くと、お友達がふたり、家にきたいという。断る理由もないので、全員連れて帰る。子どもたちは、どこにしまっていたのか、なぜかみかんを持っていて、車の中で勝手に食べている。「ひとついる?」と、僕にもみかんを手渡してくれる。優しい子たちだなと思う。続けて、「中に種、入ってるから気をつけてね」とも教えてくれる。いやはや本当に、よく気が付く子たちだなと感心する。
家に着くと、「みかんの種どうしたらいい?」と訊かれたので、よし、植えてみよう!と提案する。みんなでまいたみかんの種、発芽するかなぁ。

3月8日（水）

近所を散歩していると、トウダイグサの花が咲いていた。漢字で書くと「燈台草」。茎の先端に付く丸い葉っぱが燈台に似ており、そこに咲く花を燈心（とうしん）に見立ててそう名付けられたという。花は薄黄色で目立たず、形もすこしわかりにくいが、今がひっそりと花盛りの季節。畑の畔に、春を告げる燈火が点々と咲いていた。やはりもう春か、と思うが、トウダイグサのそばに生えていたヒメシャラの木を見上げて枝先を見ると、まだその冬芽は動いていなかった。

写真を撮りながら、そういえばこの頃の僕は、下を見て春を思い、上を見て冬を感じていることが多いなと気が付いた。そうか。やっとわかった。どうやら春は、足元からやってくるようだ。そう気付いたら、昨日、庭にダンゴムシがいたことも思い出した。

3月9日（木）

シロツメクサの葉っぱの写真を撮っていたら、その奥からアシナガバチが這い出てきてびっくりする。昨日、足元の春に気付いたら、急に虫が見えるようになってきた。モンキチョウやヒラタアブも、庭でよく飛んでいる。多分、これらは今日飛び始めたのではなく、昨日も飛んでいたのだろうと思う。変わったのはきっと僕の意識の方だ。

近所を散歩してみると、車道と歩道の段差のところにノジスミレが咲いていた。スミレの仲間としては小さな葉っぱ、小さな花であることが特徴のひとつ。「野路に咲くスミレ」でノジスミレだ。これも、昨日まではその存在に気が付かなかった。気付けば花盛り。足元の春は、展開が早い。

3月10日（金）

今朝は雨が降っていた。春の雨は、植物を一気に成長させる。これでまた、草たちはぐんと大きくなるだろう。

ようちえんに娘を迎えに行く頃には雨が上がっていた。ちょっと早く着いてしまったので、近くの林を散策。すると、ツノハシバミがあった。「森のへーゼルナッツ」とも呼ばれるこの樹木は、秋には枝先に大きな実を付けることが特徴だ。今は葉っぱも実も落ちてしまい、すっかり特徴がなくなってしまっている。

いや、でももしかして、と近づくと、その枝のあちこちに、ひっそりと雌花が咲いていた。花といっても、1cmにも満たない楕円形の球体から雌しべだけが見える、わかりにくい花だ。よく見れば、雌しべの先端は赤いイソギンチャクのような姿をしていて、なかなか魅力的なつくりをしている。

足元からはじまった春は、どうやら低木に辿り着いたようだ。これが高木に辿り着くまでには、もうすこし時間がかかるだろうか。

3月11日（土）

今日は、滋賀県長浜市で講演会。僕にとっては遠方地なので、人が集まるかどうか心配だったのだけど、なんと100名以上もの方に集まっていただいているというので驚いた。会場を見渡すと、子どもから年配の方まで、幅広い年齢層の方にいらしていただいていて嬉しくなる。植物を知りたい人は、たくさんいるのだ。

2時間の講演を無事に終え、せっかくなので会場の近くを散歩する。すると、空き家に見事なヤエツバキが咲いているのを見つけた。こうした八重咲きの花を分解すると、花びらと雄しべが融合している箇所が見つかる。花びらと雄しべは、全く別の組織ではなく、もともとは葉っぱが変化してできたものなのだと知っていると、こうして互いに合着してしまうことがあるのも、それなりに納得できる。この話題は、人に説明するのがすこし難しい。僕はわかっているつもりなのだけど、どんな風に写真を撮って見せればわかりやすく伝えられるだろうか、と考えつつ撮影をしていたら、なんだか楽しい気持ちになってきた。このヤエツバキの話も、いつか講演会で話せるといいなと思う。

3月12日(日)

今日は長浜市の街中で植物観察会。昨日のような講演会の場合は100名の方が相手でも問題ないが、観察会だと15名程度が限界になる。人数のことだけを考えれば、講演会を優先した方がいいようにも思うが、実際はそうともいいきれない。講演会と観察会では、自分にできることが大きく変わるからだ。

講演会では、僕が見てもらいたいことを、そのまま写真を使ってお客さんに見せることができる。なので、僕の話とお客さんが受け取るものの間に齟齬(そご)が生じにくい。しかし観察会では、参加者さん自身に植物を見てもらうことになる。そうなると、僕が見てもらいたいものと、実際に皆さんが見ているものが一致しなくなってしまうことがある。ここが、観察会の難しいところだ。なので僕は、観察会では、僕自身の身体の使い方を見てもらうようにしている。

たとえば、1㎝にも満たない小さなヒメナズナを観察するには、まず自分自身の目線を地面に近づける必要がある。身体をできるだけ低くして、ルーペをのぞきながらさらに近づいていく。すると、想像もできないようなかわいい花を見ることができる。

この時の僕の姿勢、植物との距離感をまずは見てほしいのだ。植物と向き合う際の身体性をつかんでもらうところから、観察ははじまる。こういうことは、講演会ではどうやっても伝えることができない。人数が少なくても、やはり観察会はできる限り続けていいたい。

3月13日（月）

滋賀から東京に出る。電車の車窓から、街路樹のハクモクレンが開花しているのがわかり驚く。山梨では、まだハクモクレンは硬いつぼみだ。東京と山梨では、2週間くらい季節感が違う。

今日はJ-WAVEのラジオ番組、「GOOD NEIGHBORS」にゲスト出演するため、六本木駅で下車する。早く着いたので、すこしだけ街を歩く。東京から山梨に引っ越して早くも1年が経った。まだたったの1年ともいえるが、これだけでも僕の中には大きな変化があった。地方と都市の違いがよりはっきりと目に映るようになってきたのだ。

たとえば六本木の街を歩いていると、何度も何度も自分の顔を見ることになる。ビルの外にも中にも、鏡や、鏡のように反射するガラスがたくさんあるからだ。山梨の田舎の方には、こんなにたくさん鏡はない。だから、僕は今自分の顔を見る機会が少ない。でも東京にくると、自分の顔があちこちで反射してくる。すると、否が応でも自分の外見が気になってくる。このことひとつを取っても、「街」というものが人中心の空間であることがわかる。

そんなことを思いながら、街を歩いていると、街路樹の植え升を上手に使って小さな草たちが生えているのを見つけた。植え升にたくさん開いている直径5㎝ほどの丸い穴を、オランダフウロやヒメムカシヨモギなどがまるでオセロのように埋めている。人のためにつくられた空間であっても、植物は隙間に必ず生えている。鏡に映った自分を見るのに疲れたら、足元を見るといいのかもなぁと思ったりした。

3月14日(火)

昨晩、山梨に帰ってきた。三日間不在にしていたので、まずは近所を散歩して、植物の様子を確かめる。今日はハナダイコンの紫色の花と、アケビの花のつぼみを見つけた。春は、毎日のように新しい顔に出会えるので楽しい。アケビはすこし曲がったつるから、小さな緑色の葉っぱと黒紫色の花のつぼみをにょきっと出している。今はまだ、これからどんな花を咲かせるのか想像もつかない姿をしているので、花が咲くのが楽しみだ。三日空けただけなのに、随分と季節が進んだものだなと思う。

3月15日（水）

朝、千尋さんが娘に「カモミールの芽が出たよー」といっていた。どうやら僕の知らぬ間にふたりでタネまきをしていたらしい。見ると、小さな葉っぱがぴょこぴょこ出てきている。その芽生えに水やりをしていると、ようちえんに行く時間がせまってきた。「そろそろ行こうか」と娘に声をかける。でも娘はまだお世話をしたいらしい。なので、「あとは太陽に任せておけば大丈夫だから行こう！」と声をかける。するとなぜか娘は素直に従ってくれた。ようちえんに向かう車内で、娘が「太陽は植物のお母さんだねー」といってきた。なるほど。うまいことをいう。「太陽があれば植物は育つから、お父さんもお日様にありがとうっていってよー」と続き、本当にそうだなと思う。たしかに、春の太陽の光には感謝したくなる。

娘をようちえんに送った帰り道で、オオイヌノフグリとホトケノザ、ヒメオドリコソウが共演して咲く場所を見つけた。オオイヌノフグリの花が地面を青く染めていて、その上に、紫色の花を付けたホトケノザとヒメオドリコソウが並んで生えている。春が、地面からどんどん湧き上がってくるようだ。

3月16日(木)

今日は、ようちえんで娘の誕生日会があるので、家族3人で向かう。みんなが娘のことをお祝いしてくれて、僕まで優しい気持ちになった。

帰り道で、ケヤキを見上げてみる。まだ芽吹いている様子はない。春が高木に辿り着くのはいつになるだろう。そう思って歩いていると、別のケヤキの木の枝先がすこし明るい色をしていることに気が付いた。近づいて確かめると、茶色い冬芽がすこしふっくらと膨らんで、その中から緑色が見えてきていた。芽吹きのはじまりだ。なんと。春はもう高木に到達しつつあったのだ。急に嬉しい気持ちになった自分に気付いて、ふと思う。ほんのすこし前までは、まだ冬には終わってほしくないと思っていたのに、ここ数日の僕は、春の訪れを見つける度に胸が躍っている。もはや寒かった時のことを思い出すことができないくらいだ。こういう時、やっぱり自分だって自然の一部なんだよなと思う。季節が変われば、自分も変わるのだ。

3月17日（金）

今年も年間講座の新規コースがはじまるので上京。先に観察地の下見を済ませ、国分寺駅で参加者さんを待っていると急にドキドキしてきた。月に一度、自分の観察会に時間を割いてくれる人が今年もたくさんいる。その気持ち、意気込みにちゃんと応えられるだろうか。がんばらないと。

今年もまずは植物観察の基本である植物用語の説明からスタートすることにした。葉っぱの縁にあるギザギザには「鋸歯（きょし）」という呼び方があること、葉っぱと枝をつなぐ軸の部分は「葉柄」ということ。そんな話からはじめ、葉っぱの形の細部を見ていくと、植物の名前を調べることができることを話した。

たとえば、クスノキの葉っぱなら、

・鋸歯はないが、縁が波打っている
・葉柄が長い（なので風によく揺れる）
・葉脈が根元で分かれる三行脈

このあたりが特徴になる。この3つのヒントでクスノキ探しをすると、多くの参加者さんがあっさりとクスノキを見つけることができていた。今年もいい感じだ。楽しくやっていこう。

3月18日（土）

今日も年間講座の植物観察会の日。今年は金曜コースと土曜コースのふたつ設定がある。両日で同じ内容を行わなければいけないのだけど、今日はあいにくの雨。最高気温も8℃程度と冷え込む予報だったので、室内での講義スタイルに変更することにした。

近所で集めておいた葉っぱを、まずは参加者さんに渡す。そして、その形を見る練習からはじめてみる。鋸歯の形、葉脈の通り方、葉柄の長さを見比べていくと、その形は種類に応じて個性があることがわかってくる。葉っぱを前にして、そんなことをあれやこれやと話していたら、あっという間に2時間が経ってしまい、みんなでびっくりする。かなり場が温まってきたので、雨だけど1時間だけ外に出てみることにした。

寒い中、国分寺駅近くにある樹木の特徴を確かめていく。悪天候なのに、なんだかすごく盛り上がった一日だった。土曜コースもうまくやっていけそうだ。ほっとした。

3月19日(日)

今日は、過去に年間講座を卒業した方向けの卒業生コースの日。このコースの方には、すでに植物の見方の基礎は伝えられている。なので、こちらではより多くの植物を見ることを目的としている。集合場所で皆さんを待っていると、参加者さん同士で話に花が咲いていた。もう僕がなにもいわなくてもそれぞれが勝手に観察をはじめていて、なんだかいい光景だなと思う。

みんなでコブシの白い花を観察していると、「この花はなんでこんな形なの?」と質問があった。見ると、コブシの花が八重咲きになっていた。ツツジやムクゲの花などのように、八重咲きになりやすい植物もあるが、コブシはそうではない。八重咲きになっているのは珍しい。面白いなぁと思い、他の花とも比較しながら観察していると、気になるものを見つけた。大きな花びらの後ろの付け根に、細長いピラッとしたものが3つ付いていたのだ。これはおそらく、花のつくりから考えるとがくに相当するだろう。こんなところに目立たないがくがあること、僕も知らなかった。植物観察は、こういうちょっとした発見が楽しい。みんなで観察すると、その発見が多くあるので、なお楽しい。

3月20日(月)

三日連続の観察会は終わったが、今日まで東京滞在を延長。今年の秋に出版予定の本の打合せをする。どんな本にできそうか、そのイメージを共有し合っているとすごくワクワクしてきた。僕はこの、まだ形が見えていないタイミングでの打合せが好きだ。僕たちは今、どんな方向にでも進むことができる。形は見えなくても、その中にはちゃんと未来がある。なんだか、まるで冬のようだなと思う。これから方向性が決まれば、今度はそれに向けて全力を注いでいくことになる。小さな形を大きくしていく作業は、まるで春のようだ。
打合せを終え、新宿の街を歩いていると、小さな公園にもうソメイヨシノが咲いていた。その木の下では、お花見が催されている。やっぱりソメイヨシノはきれいだなと遠くから眺めていると、足元にハランを見つけた。お弁当箱の仕切りに使われているバランのもとになった植物で、大きな葉っぱが地面からにょきにょき生える姿が特徴的だ。もしかしたら、と思い、その葉っぱの根元をゴソゴソとかき分けてみる。すると、地面すれすれに紫色の花が咲いているのを見つけることができた。丸い円盤状の花の周囲だけが立ち上がり、王冠のような形をしている。とても個性的だ。お花見中の誰も気付いていないだろうが、ハランだってひっそりと花盛りを迎えている。人が気付かない春が、きっと他にもたくさんあることだろう。

3月21日（火）

家を不在にしている間に、注文していた魚眼レンズが届いていた。嬉しくなり、さっそく練習に出かける。この前、近所でオオイヌノフグリとホトケノザとヒメオドリコソウの群落を見つけたので、山を背景にしてそれを魚眼で撮ってみたかったのだ。

　僕は、植物の生態写真を主に撮るので、接写用のレンズは何種類か持っている。でも、花と風景をセットで撮ることは少ないので、そのためのレンズはあまり持っていない。魚眼レンズを使うと、カメラから180度もの範囲を写すことができる。これを使えば、この前見た群落を魅力的に写せるのではないかと思ったので、この機会に買ってみたというわけだ。しかし、目的の場所でカメラを構えても、魚眼レンズの扱い方がまるでわからない。イメージした通りにはならず悪戦苦闘する。ここかな。と構えると、植物の方がファインダーから逃げていってしまい、なにも捉えることができないのだ。目の前の景色を一瞬で捉えることは本当に難しい。まだ身体になじんでいないレンズを使っていたら、植物がいつもより大きく動いているように感じて、不思議な感覚になった。こういう時、やっぱり自分の目の方が優秀だなと思う。今日はこの景色を写真ではなく、この目に焼き付けておくことにした。

　家に帰る途中、畑仕事をしている人をたくさん見た。自然が動き出したので、人も動き出したようだ。

3月22日(水)

なんだか今年はずっと仕事に追われているので、今日も千尋さんにお願いして、一日仕事をさせてもらう。娘が小学校に上がるまでは、できる限り家族との時間を持っていたいと思う。娘のため、と思う気持ちもあるが、なによりも自分自身が、娘の成長をそばで見ていたいという気持ちを強く持っているからだ。しかし同時に、今はやりがいを感じる仕事も多いので、働く時間も大切だ。家族との時間を増やせば、仕事が滞る。仕事の時間を増やせば、家族との時間が減る。このあたりのバランスを取ることは本当に至難の業だ。過日の東京滞在中に、自分の父に「このところ、忙しくてずっと疲れてる」と愚痴をこぼしたところ、「子どもがいる時はそんなものだ。しょうがない」とあっさりいわれてしまった。父にとっての子とは、いうまでもなく僕のことなので、これにはなにもいい返せなかった。たしかに、致し方ないか。

夕方、千尋さんと娘が、ようちえんからお友達を3人引き連れて帰ってきた。車からわらわらと子どもたちが降りてきて笑ってしまう。家に入ってくるなり、りんごが食べたいというので、むいてあげる。りんごの種が残ったので、僕はそれを苗ポッドに植えてみた。それを見ていた子どもたちも種まきをしたがったので、みんなでりんごの種まきをした。さぁどうだろう。芽は出てくるかな？　こういうなにげない日常を、ちゃんと味わって過ごしたいのだけれど。

3月23日（木）

今日も東京で観察会の予定があったのだが、大雨予報のため延期にした。なので、午前中は娘と遊び、午後は千尋さんと交代して仕事ということになった。体力面の不安があったので、ちょっとほっとした。僕にとっては救いの雨だ。

午後、仕事の途中ですこしだけ庭に出ると、ナズナが雨にしっとりとぬれていた。小さなハート型の実と、その軸に並んで付く水滴が、ネックレスのようになっている。ナズナ全体がキラキラ輝いていて、とてもきれいだ。春の雨は、植物をぐんと成長させる。明日になれば、ここのナズナやホトケノザ、シロツメクサは一回り大きくなっていることだろう。春の雨と植物の成長を見ていると、「恵みの雨」という言葉がすごくしっくりくる。

3月24日（金）

どうやら仕事の山を越えることができたようで、突然時間に余裕ができた。久しぶりに家族で出かけることにする。行き先は、前から気になっていた山梨市の万力公園に決定。公園なのに、園内に動物がいるらしい。

着くと、フラミンゴやクジャクがさっそく出迎えてくれた。本当に公園の中に動物がいるコーナーがあった。娘と千尋さんがフラミンゴの動きを気に入ってずっと観察している。その後、カピバラを見ていたら雨が降ってきた。すぐ止むだろうと思っていたら一気に本降りに変わる。慌てて帰ろうと駐車場に向かうと、その道の途中でレンギョウが花

盛りになっているのを見つけた。雨にぬれて下を向く、黄色い花の姿が美しいので写真を撮る。千尋さんは走って先に行ってしまったので、僕はレンギョウの花を3つ採って千尋さんを追いかける。千尋さんに追い付いて、花をぽーんと投げて渡すと、レンギョウの花は上を向きながら、こまのようにクルクルと回転して落ちていった。回転して落ちるタネは多くあるが、花自体がクルクル回転して落ちていくものは他にはあまり思い付かない。これ自体に意味はないのだろうけど、知っているとちょっと面白い植物だ。

3月25日(土)

千尋さんが、近所の人と約束をしていたらしく、今日は地域の人が共同で行っている味噌作りに参加することに。朝8時30分に公民館に着くと、すでにみんな集まっていて作業がはじまっていた。

大豆をつぶし、麹と塩を混ぜて、樽に入れていく。わが家は5kg分の大豆を持っていったのだけど、みんなは一気に20kg以上の味噌を仕込んでいて、その量にびっくりする。自家用に消費する他、人に配ったりするそうだ。今年の冬は例年より寒かったとか、でも春はいつもより急にきて暖かすぎるといった話から、あの空き家に誰が引っ越してくるとか、耕作放棄地をどうするかといった話まで、手を動かしつつ色々な話ができて嬉しかった。訊くと、この味噌作りはもう36年も続いているという。僕たちのような移住者のことも仲間に入れてくれてありがたい。

公民館にはソメイヨシノがよく咲いていた。今日も雨。気温が下がって寒い。まさに花冷えだ。暖かさと寒さが行ったりきたりする季節。今日はなにを着たらいいのだろうかと戸惑う日が多いけど、植物はまるで迷っていないように見える。冷たい雨に打たれてもなお咲き誇るその姿に、ソメイヨシノの自信を感じた。

3月26日（日）

今日は、娘のようちえんで卒園式がある。準備も当日の進行もすべて保護者が行うので、このところ、親たちみんな疲れがたまっている様子だった。今日はいよいよ本番だ。僕は写真係になったので、みんなの大事な一瞬一瞬を一日中撮り続けた。あいにくの雨でずっと暗かったが、みんなの笑顔が明るかったので、そのコントラストが撮れていたらいいなぁと思う。

森のピッコロようちえんは標高が700mと高いところにあるので、まだ梅が咲いている。園庭を歩くと、アブラチャンの細かく黄色い花がポンポンと咲き、個性的なミツマタの花もよく咲いていた。ここはまだ早春だ。娘が卒園するのはまだ2年先のこと。その時もきっと、梅が咲き、アブラチャンが咲いているだろう。ここに生きる木々は、ようちえんで過ごす子どもたちをずっと見続けている。となれば、この木々だって仲間なんだよな。そう思い、最後に彼らの写真を撮っておいた。

ここの子どもたちは、人だけでなく、虫や鳥、植物や動物など、自然の命と毎日一緒に遊んでいる。林に落ちる雨の音が、自然からの祝辞のように聞こえた。

3月27日(月)

長野県の小谷村に「大網」という限界集落がある。そこに、「くらして」という名前のチームがいて、その土地の暮らしや伝統を受け継ぎ、伝える活動をしている。今日は、その中心メンバーである、まえっちとさっこさんが息子さんを連れて遊びにきてくれた。僕と千尋さんは数年前までよくふたりで大網に遊びに行っていたのだけど、娘を迎えてからはなかなか行けなくなってしまっていた。久しぶりに再会できてすごく嬉しい。

まえっちとさっこさんは、僕にとっては樹木のような存在だ。根っこがどしっと下りた安心感のある夫婦なので、僕たちはふたりに会うと、つい相談事などをしてしまう。娘もすぐにみんなのことを気に入ったようで、ずっとハイテンションで過ごしていた。

まえっちたちに会う前に、草花の撮影をしていると、オオイヌノフグリに虫が飛んできた。写真を撮る間もなく、それは花から花へと飛び移っていく。虫は花から蜜をもらい、花は虫に花粉を運んでもらう。花と花は、そこにいるだけでは関係を持てないが、虫がいれば互いに関係を結ぶことができる。その様子を見て、あぁこれが春だなと思った。冬の間、植物たちは互いに関係を持っていないように見える。なので冬の植物観察は、それぞれを単体として見ることが多い。しかし、春は植物単体ではなく、それぞれが関係するその全体像を見る機会が増える。どちらかというと、冬の方が植物観察はシンプルで、春はなかなかつかみどころがない。

近所では農作業がはじまり、こうして遠方から友人が遊びにきてくれるようになった。人も植物も動き出し、今年も互いにつながっていく。

3月28日(火)

朝、まえっち一家が次の目的地に出発していった。今度は僕たちが彼らのところに行けるといいなと思う。感傷に浸る間もなく、見送りをしたら僕はまたすぐさま次の来客を迎えに行く。テレビ番組のロケハンがあるのだ。娘も一緒に行き、撮影候補地を案内する。

ロケハンが終わって買い物に行くと、満開のソメイヨシノがあった。立ち止まって顔を上げると、向こうの小山がほんのり色付いていることに気が付いた。薄緑色や、黄色やオレンジ色が水でにじんだような、淡い淡い早春の山の色だ。去年の10月25日、この地にもうすぐ冬がやってくることを、僕は遠くの山の積雪を見て感じたのだった。その冬は、やがて山から下りてきて、地面を凍てつかせた。そして、草たちは孤独になった。そのまましばらく時は止まり、2月の終わり頃になるとまた地面は解け、今度は足元から春が湧いてきた。そして、それはすこしずつ木の上に登っていき、今ようやく向こうの小山へと辿り着いたのだ。山からきた冬は、春となり、山へと帰っていく。

3月29日（水）

午前中、外で事務仕事をして帰ってくると、千尋さんと娘が庭で種まきをしていた。僕も一緒に手伝い始めると、娘が今度はウッドデッキでなにかを一心不乱にむいている。しばらくして、「見てー。たまごぷちぷちだよー」といってきた。なんだろう？と思って見に行くと、娘の手にはスイセンの花があった。どうやら、花の根元のすこし膨らんだ部分を割っていたようで、その中から出てきた白い粒々のことを、たまごだといっていたようだ。僕は驚いて、慌ててカメラを取りに行く。そして、娘に頼んでもう一度たまごを取るところを見せてもらった。娘がたまごといったそれは、スイセンの子房の中にある胚珠（はいしゅ）だった。胚珠はのちに種子となる部分なので、これを娘がたまごと表現したのは、なかなか鋭いと思い、びっくりしたのだ。娘はその「たまごぷちぷち」を泥水と草が入ったバケツの中に入れて、スープを完成させた。娘がする、特に名前のない植物遊びには、植物を知るきっかけがたくさん隠されている。

3月30日（木）

今日も娘のお友達のR君が遊びにきた。じつは昨日も午後にJちゃんとCちゃんがきていた。なんだかこのところ、毎日誰かがやってくる。春は忙しい。

家でごっこ遊びなどをしたあとに、子どもたちが「散歩に行きたい！」というので、一緒に外に出る。娘が「カニ釣りしたい！」といいだしたので、拾った枝にタコ糸を付けて即席で釣り竿をつくる。去年よくカニを釣った水路でカニを探すが、まるで気配がない。僕は、「多分まだカニは冬眠してんだと思うよ」とついいってしまったが、子どもたちはそんなことにはお構いなし。辛抱強くカニを探し、「今動いた!」などと水路の底にあった枯葉を指差していたりする。なんだか楽しそうなので、飽きるまでやらせておく。

僕はその間に水路のそばに生えていたニワウルシの新芽の写真を撮る。冬芽が割れ、その中から淡い緑色の葉っぱが何枚も飛び出してきている。もうすっかり地上は春だけど、川にはまだ春がきていないのかなぁなどと思ったりした。

3月31日（金）

朝早く起き、清里の森へ向かう。去年の秋によく歩いた山道が、今どうなっているのか見に行きたかったのだ。

車を降りて登山道に入ると、すぐに鳥の鳴き声がしてきた。

ツチチ、ツチチ

ツーツーピピ、ツーツーピピ

クロロロロロロ

プヨッ、ピヨッ

ホ、ホーー、キョキャ！

姿は見えないが、あちこちから様々な声が聞こえてくる。分かれ道に着くと、シジュウカラが姿を現した。ツツピ、ツツピと左の道の方へ飛んでいったので、僕も左に曲がってみる。ちょっと歩いただけで息がきれてきて、冬の間に体力が落ちていることを感じる。ミズナラの木の下に腰を下ろし、枝ぶりを見上げる。まだ葉っぱが出てくる気配がない。標高の高いこの地はまだ冬なんだ。そう思うと、急に冬が懐かしくなってきた。だけど、僕はもう知っている。枯れたように見えるその枝の先端には、じつは春が隠されているということを。

春がくると、葉っぱや花は次々に外に飛び出していく。その光景は希望そのものだけど、一度飛び出たそれらがもとに戻ってくることはもうない。季節が進めば、葉っぱや花は枯れて落ち、他の命を生かすなにかに変わっていく。春は、はじまりそのものであり、終わりのはじまりでもある。冬は寒く、孤独で、生きるのには厳しいけれど、その中には希望や未来が詰まっている。はじまってもいないし、終わってもいない。

明日の僕がなにを思うかはわからないが、今日の僕は、冬のように生きるのも悪くないなと思った。

（上）3月1日／ギシギシ
（下）3月3日／オオイヌノフグリ

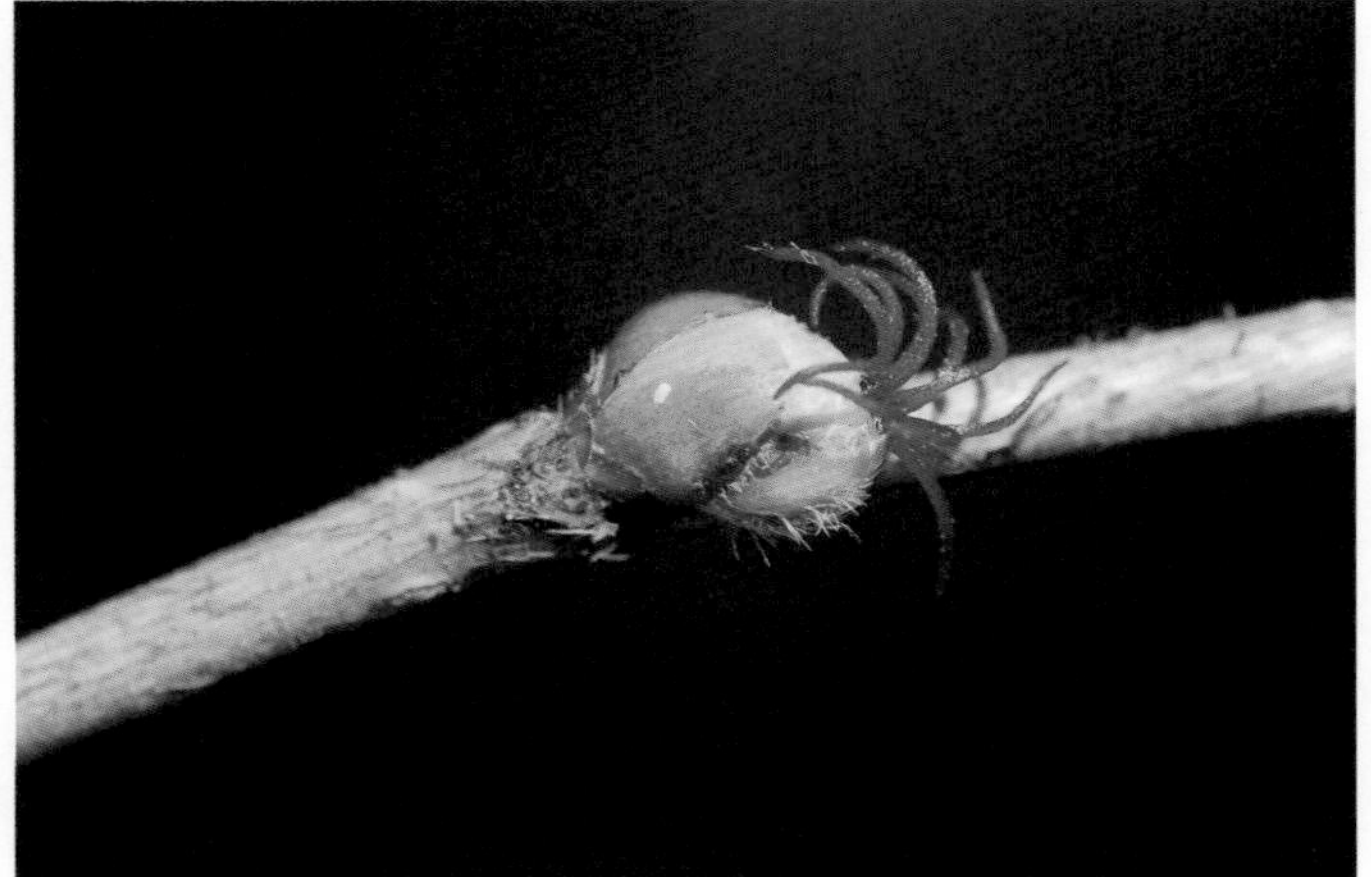

（上）3月10日／ツノハシバミ
（下）3月10日／ツノハシバミの雌花

（右上）3月12日／ヒメナズナ
（左上）3月15日／オオイヌノフグリ、ホトケノザ、ヒメオドリコソウ
（下）3月14日／アケビの花のつぼみ

3月16日／ケヤキの芽吹き

3月20日／ハランの花

3月24日／レンギョウの花

3月25日／ソメイヨシノの花

3月26日／アブラチャンの花

3月27日／オオイヌノフグリの花

3月30日／ニワウルシの新芽

春のはじめに

植物観察は、毎日が発見と感動と失敗の連続だ。それなのに、僕はそのすべてを覚えていられるわけではない。いや、むしろほとんどのことを忘れてしまっている。日記を読み返して、僕自身が一番驚いているのがこの点だ。秋に稲刈りをしながらコナギの花を見ていたことなど、もうすっかり覚えていなかったし、キンモクセイの観察に失敗したことも忘れてしまっていた。

でも面白いことに、日記を読み返せば、僕はすぐにその光景を思い出すことができた。秋の日差しを受けて黄色やオレンジ色に透けるヤマブドウの葉っぱの美しさも、霜が降りて光り輝く草たちの様子も、目を閉じればすぐそこに鮮明に見えてくる。僕は冬に起きたことを本当に忘れ去ってしまったわけではなく、ただ、自分の中から引き出せなくなっているだけのようだ。日記という索引があれば、過去の自分の体験をまた味わうことができる。植物観察日記を書くのははじめてのことだったけれど、これは僕にとってとても嬉しい発見だった。

一方で、日記を読んでも思い出せないことがあった。それは当時の自分自身の感覚だ。日記によると、10月6日には気温15℃の日を寒く感じていたのに、2月17日には10℃しかない日を暖かく感じていたようだ。15℃が寒く、10℃が暖かい。文字にするとおかしいけれど、その時の自分はたしかにそう感じていたらしい。1月26日にはマイナス9℃の野外でシャボン玉を凍らせて楽しんでいたので、冬の寒さが僕の感覚を変えたのであろうことは想像がつく。たったの6か月間ではなにも変わらない。そう思い込んでいる自分自身が、じつは大きく変わっているのだということを思い知らされた。

植物も人も、それが命である以上は、いつも絶え間なく変化し続けていて、一瞬たりとも同じようには存在していない。なので、僕たちはたとえ同じ対象でも、もう一度同じように見ることができない。同じ植物を今日と明日で見比べた時、一見そこに違いはないようでも、じつはなにかが変わっていて、それを見ている自分自身だって、なにも変わっていないようでじつはなにかが変わっている。だから、いつだって「いま」が貴重なのだ。

結末を知らないままに書き進めてきた日記は、これでおしまいとなる。最終的には、冬を通して春を考えることになったが、これはあくまで今回の結末ということであって、もし来年また冬の植物観察日記を書いたら、全く違うところに辿り着くのだろうと思う。そういう意味では、この本だって、２０２２年の10月から２０２３年の３月だからこそ書けた、とても貴重な本なのだ。

今回、一緒に本作りをしてくださったすべての皆さんに感謝を伝えたいです。そして、最後まで読んでくださった読者の皆さんも、どうもありがとうございました。いつか皆さんの冬のことも教えてください。

植物観察家　鈴木 純

鈴木 純（すずきじゅん）

植物観察家。植物生態写真家。1986年東京都生まれ。東京農業大学で造園学を学んだのち、青年海外協力隊に参加。中国で砂漠緑化活動に従事する。帰国後、国内外の野生植物を見て回り、2018年にフリーの植物ガイドとして独立。野山ではなく、街中をフィールドとした植物観察会を行っている。2021年に第47回東京農業大学「造園大賞」を受賞。著書に『そんなふうに生きていたのね まちの植物のせかい』『種から種へ 命つながるお野菜の一生』（ともに雷鳥社）、『ゆるっと歩いて草や花を観察しよう！すごすぎる身近な植物の図鑑』（KADOKAWA）、『子どもかんさつ帖』（アノニマ・スタジオ）、監修に『はるなつあきふゆのたからさがし』（矢原由布子・アノニマ・スタジオ）、『まちなか植物観察のススメ』（カツヤマケイコ・小学館）ほか、雑誌等への寄稿多数。

冬の植物観察日記

2023年10月25日　初版第1刷発行

著者　　鈴木 純

発行者　　安在美佐緒

発行所　　雷鳥社

〒167-0043 東京都杉並区上荻2-4-12
TEL 03-5303-9766
FAX 03-5303-9567
http://www.raichosha.co.jp
info@raichosha.co.jp
郵便振替　00110-9-97086

デザイン・イラスト　　紺野達也

協力　　贄川 雪

印刷・製本　　藤原印刷株式会社

編集　　林 由梨

ISBN 978-4-8441-3798-6 C0095